飞机结构修理实用技术

主　编　王　昭　马　超　孟轲生
副主编　谢　福　陈　刚　耿子庆
参　编　轩　颖　李茂炎

北京理工大学出版社
BEIJING INSTITUTE OF TECHNOLOGY PRESS

内 容 提 要

本书根据飞机机电设备维修国家专业教学标准和学校专业人才培养方案编写,内容始终围绕培养航空机务维修人员岗位所需技能和行业素质要求展开,依据航空机务维修生产实际情况开发了多项典型的飞机金属结构修理实训任务。本书遵循理论与实践相结合的原则,从飞机金属结构修理基础、飞机蒙皮损伤修理和飞机金属结构损伤修理三个模块进行归纳,讲述了结构修理需要满足的基本要求和基本方法,还介绍了飞机金属结构修理常用工艺以及飞机基本结构类型切割修理方法。在飞机金属结构修理实训项目任务实施过程中,严格按照"6S"要求进行现场管理,注重学生工作过程中的劳动教育、创新教育,实行实训全过程质量监控和多元化评价。

本书可作为飞机机电设备维修、飞机结构修理等专业的教材,也可供相关行业从业者参考使用。

图书在版编目(**C I P**)数据

飞机结构修理实用技术 / 王昭,马超,孟轲生主编. -- 北京:北京理工大学出版社,2024.2
ISBN 978-7-5763-3076-2

Ⅰ.①飞… Ⅱ.①王… ②马… ③孟… Ⅲ.①飞机构件—维修 Ⅳ.①V267

中国国家版本馆CIP数据核字(2023)第213915号

责任编辑:阎少华		文案编辑:阎少华	
责任校对:周瑞红		责任印制:王美丽	

出版发行 / 北京理工大学出版社有限责任公司	
社　　址 / 北京市丰台区四合庄路6号	
邮　　编 / 100070	
电　　话 / (010)68914026(教材售后服务热线)	
(010)68944437(课件资源服务热线)	
网　　址 / http://www.bitpress.com.cn	
版 印 次 / 2024年2月第1版第1次印刷	
印　　刷 / 河北鑫彩博图印刷有限公司	
开　　本 / 787 mm × 1092 mm　1/16	
印　　张 / 12	
字　　数 / 254千字	
定　　价 / 62.00元	

前　言

　　本书围绕培养航空机务维修人员岗位所需技能和行业素质要求展开，根据国家专业教学标准和人才培养方案进行编写，坚持落实立德树人根本任务，遵循高素质技术技能人才成长规律，依据航空机务维修生产实际情况，开发了多项典型的飞机金属结构修理实训项目。在实训项目实施过程中，本书紧扣人才培养能力目标，深度对接航空维修行业、民航企业标准，将实际飞机结构修理解决方案、岗位能力要求、标准等内容有机融入教材内容。严格按照"6S"要求进行现场管理，注重学生工作过程中的劳动教育、创新教育，实行实训全过程质量监控和多元化评价。

　　本书基于航空器维修产业中岗位能力需求，积极探索"产教融合、校企合作"的改革发展方向，通过校企联合开展课程建设和教学内容改革，确保教材内容紧密对接行业标准和岗位需求。本书以飞机结构维修项目为载体、以飞机维修企业真实的工作任务为导向引出相应的知识点，充分调动学生的主动性和能动性。学生通过飞机金属结构修理的实践知识学习和基本操作技能训练，能熟练掌握飞机修理基本操作技能，重视操作规范，促进理论联系实际解决问题及动手实践的能力，同时培养严肃认真、一丝不苟、吃苦耐劳的机务维护作风和航空报国的责任感，为后续学习与工作打下坚实的基础。

　　本书包括飞机金属结构修理基础、飞机蒙皮损伤修理、飞机结构损伤修理三个模块，选取飞机结构维修工作中的典型工作任务作为项目载体组织内容。全书包括12个修理项目，每个项目包括任务描述、理论基础、学习任务/任务分析与决策、任务实施、任务考核、总结与提高六部分内容，开篇提出项目具体要求、学习目标、重难点，然后通过"理论基础"的学习，了解完成项目所必需的知识支撑，进一步通过引导问题，分析完成项目的工作方案，通过项目实施引导学生完成修理工作项目，从质量和素养两方面进行考核，最后通过"总结与提高"总结回顾知识点并进一步思考学习过程中遇到的问题，形成完整的学习闭环，帮助学生更好地理解和应用所学知识，提升其动手操作能力及系统性、评判性思维。在每个模块后设置"榜样引领"栏目，引入航空维修行业优秀人物案例，培养学生对职业的敬畏感及自豪感。

本书实训项目的学习说明：

一、引导文

（一）掌握飞机结构件损伤的破坏程度。

（二）掌握飞机结构件破损修理的实施过程。

（三）掌握飞机结构件破损修理的完工检查标准。

二、工作方法

（一）查阅手册后回答引导问题，可以使用的材料有手册、网络资源等。

（二）以小组讨论的形式完成工作计划。

（三）按照工作计划，完成飞机结构件破损修理的任务，对于计划中未考虑的问题，请先尽量自行解决，如无法解决再与培训教师进行讨论。

（四）与教师讨论，进行工作总结。

三、工作内容

（一）查阅飞机结构修理手册，拟订测量计划。

（二）工具、耗材的选择。

（三）飞机结构件破损修理。

（四）工具、设备、现场 6S。

（五）工作完成后的检查。

四、知识储备

（一）飞机蒙皮损伤的容限。

（二）飞机结构件破损修理的工序。

（三）飞机结构件破损修理的操作规范。

（四）飞机结构修理手册的查询。

（五）维修工具、设备的使用。

五、注意事项与工作提示

（一）维修人员应遵守工单、手册的操作规范。

（二）遵守工具清点的规定。

（三）工作结束时应及时关断电、气源设备。

（四）遵守实验室规章制度，未经许可，不得移动和拆卸仪器与设备。

六、劳动安全

（一）在机翼、机身上工作时，要穿工作鞋或垫上踏布。

（二）操作时要穿戴劳保用品，注意人身安全和教具完好。

（三）严格拆装程序并注意操作安全，严禁未经许可擅自扳动教具、设备的电气开关。

（四）维修人员应熟悉在紧急情况下自救和处理意外事故的方法。

七、环境保护

（一）参照《飞机结构修理手册》中的相应内容。

（二）修理人员从事修理工作要遵守现场的规章制度。

（三）严格按照本书相关要求进行操作，操作结束后要清洁场地、物品归位。

本书由成都航空职业技术学院王昭、马超和安徽交通职业技术学院孟轲生担任主编，广州民航职业技术学院谢福、北京飞机维修有限公司陈刚、吉林通用航空职业技术学院耿子庆担任副主编，成都航空职业技术学院轩颖、李茂炎参与编写。具体模块项目编写分工：模块一由轩颖编写，模块二和模块三的项目八由王昭编写，模块三的项目九由马超、谢福编写，模块三的项目十由孟轲生、李茂炎、陈刚编写，模块三的项目十一和项目十二由耿子庆编写。

由于编写时间仓促，编者水平有限，书中难免存在疏漏之处，敬请广大读者批评指正。

编　者

目　录 Contents

01　模块一　飞机金属结构修理基础

项目一　飞机结构修理规范 ……………………………………… 1

一、飞机修理的安全规定 ……………………………………… 2

二、修理现场工作守则 ………………………………………… 4

三、修理人员的安全保护 ……………………………………… 6

四、修理方案的拟订 …………………………………………… 7

项目二　飞机金属结构修理的工具设备 …………………… 15

一、常用工具 ………………………………………………… 16

二、常用量具 ………………………………………………… 21

三、飞机金属结构修理的常用设备 ………………………… 28

四、航空工具、量具的保管与使用 ………………………… 31

02　模块二　飞机蒙皮损伤修理

项目三　飞机蒙皮破孔托底平补法修理 …………………… 38

一、确定切割范围 …………………………………………… 41

二、切割损伤部位 …………………………………………… 41

三、制作补片和衬片 ………………………………………… 42

四、钻孔制接 ………………………………………………… 43

项目四　飞机蒙皮破孔外贴盖板法修理 …………………… 54

一、确定切割范围 …………………………………………… 55

二、切割损伤部位 …………………………………………… 56

三、制作盖板 ………………………………………………… 56

四、钻孔制接 ………………………………………………… 57

项目五　机翼前缘蒙皮破孔修理 ················68

一、确定切割范围 ················ 69
二、切割损伤部位 ················ 70
三、制作补片和衬片 ················ 70
四、钻孔制接 ················ 70

项目六　飞机双层蒙皮破孔修理 ················82

一、内部有构架的双层蒙皮破孔的修理 ················ 83
二、内部有垫条的双层蒙皮破孔的修理 ················ 84
三、相互重叠的双层蒙皮破孔的修理 ················ 84

项目七　不易施工处蒙皮破孔的修理 ················96

一、充分利用切割孔进行施工 ················ 97
二、利用舱口盖或施工孔进行施工 ················ 98
三、临时拆卸蒙皮进行施工 ················ 99

03

模块三　飞机结构损伤修理

项目八　飞机桁条损伤修理 ················111

一、损伤部位的切割 ················113
二、接补型材的选择 ················114
三、接补型材的安装 ················114
四、钻孔制接 ················115

项目九　飞机翼肋破孔修理 ················126

一、确定切割范围 ················ 127
二、切割损伤部位 ················ 127
三、制作补片与连接片 ················ 128
四、钻孔制接 ················ 128

项目十　飞机腹板破孔修理 ················139

一、确定切割范围 ················ 140
二、切割损伤部位 ················ 140
三、制作补片 ················ 140
四、钻孔制接 ················ 141

项目十一　飞机腹板切割修理 ……………………………151

　　一、确定切割范围 ……………………………………… 152
　　二、切割损伤部位 ……………………………………… 152
　　三、制作新腹板 ………………………………………… 152
　　四、钻孔制接 …………………………………………… 153

项目十二　飞机隔框变形修理 ……………………………163

　　一、确定切割范围 ……………………………………… 164
　　二、切割损伤部位 ……………………………………… 164
　　三、制作补片 …………………………………………… 165
　　四、钻孔制接 …………………………………………… 165

附　录 ／ 177

参考文献 ／ 181

飞机金属结构修理基础

【模块解析】

　　航空器修理工作直接影响航空地面安全，是航空安全生产链条中的重要环节。良好的修理规范和工作作风是修理工作质量最根本和最重要的保障。由于工作性质和场地不同，对修理人员的安全要求也不同，安全规定是修理人员应该遵守的基本规则。在修理工作中，危害身体健康和生命安全的因素多种多样，工作中的安全保护尤其重要。同时，在飞机金属结构修理的实施过程中，一线操作人员还要能够熟练地掌握飞机金属结构修理相关工具设备的使用方法。本模块主要介绍飞机金属结构修理的基本规范和工具使用的基础知识，学好这些内容，将为飞机金属结构修理实训任务的开展奠定良好基础。

项目一　飞机结构修理规范

【任务描述】

工作任务	飞机结构修理规范	教学模式	任务驱动和行动导向
建议学时	4学时	教学地点	一体化教室
任务描述	飞机结构修理规范是指对飞机结构进行维护和修理时应遵循的具体规定和标准。一些常见的飞机结构修理规范包括从事维修工作要遵守现场的规章制度、维修人员行为规范，人员的安全防护、考核要求和维修方案的示范。学习和掌握这些规范是为了确保飞机结构的安全性和可靠性，保证飞机在修理后仍能满足设计要求和适航要求。这些规范和标准是飞机维修和修理过程中的重要指导，有助于维护和修复飞机的结构		
学习目标	知识目标	1. 熟悉航空维修规章与制度； 2. 熟悉维修人员在维修工作区的行为规范； 3. 掌握维修人员的安全防护措施； 4. 掌握对地面事故的预防措施，具有安全生产意识；	

学习目标	知识目标	5.掌握维修现场工作守则； 6.熟悉飞机结构修理的保密安全要求； 7.掌握飞机结构修理学习考核标准； 8.熟悉飞机结构修理方案的制订规则
	能力目标	1.能遵守航空维修规章与制度； 2.能遵守维修人员在维修工作区的行为规范； 3.能制订维修人员的安全防护措施； 4.具备地面事故的预防能力； 5.能遵守维修现场工作守则； 6.能遵守按照飞机结构修理的保密安全规定； 7.能熟知飞机结构修理学习考核标准； 8.能制订飞机结构修理方案
	素质目标	1.具有爱岗敬业、诚实守信、遵章守纪的良好职业道德； 2.具备严谨规范、精益求精、吃苦耐劳的优良品质； 3.具备团队协作、人际沟通的社会交往能力； 4.具备从事本专业工作的安全防护、安全文明生产和环境保护等意识； 5.具备"极其负责、精心维修"的职业素养
重难点	重点	飞机结构修理安全规定
	难点	飞机结构修理方案拟订

【理论基础】

飞机维修规范是航空行业的基本规范和标准，直接关系到乘客和机组人员的安全。对于维修企业和技术人员来说，遵循规范意味着遵守行业的规则和要求，确保飞机在修理后能够恢复到安全、可靠的状态。在飞机修理规范确保修理后的飞机能够保持其设计和制造时的性能。飞机修理规范的重要性体现在保障乘客和机组人员的安全、维持飞机性能、提高修理的经济效益和遵守法规要求等方面。修理规范的遵守是航空公司和维修企业的责任，也是确保飞机安全运行的基础。

安全意识与
工作规范

一、飞机修理的安全规定

（一）上飞机工作"十不准"

（1）不准穿硬底或外露钉子的鞋。

（2）不准任意攀登。

（3）不准乱刻乱画。

（4）不准踩踏活动翼面、航炮和座舱密封胶带，以及印有"禁止踩踏"标志的部位。

（5）不准不垫脚踏布进行工作。

（6）不准携带与维护工作无关的易燃、易爆和容易遗留在飞机上的物品。

（7）不准把工具、机件直接放在蒙皮上和随意乱扔开口销、保险丝。

（8）不准擅自扳动与所进行的工作无关的操纵手柄、开关、电门和按钮。

（9）不准未经正规业务技术培训的人员上飞机工作。

（10）不准未经本机机械师许可进行工作。

（二）在飞机上进行维修时必须遵守的规定

（1）机务人员工作结束后，还要向飞机机械师报告所进行的工作及负责维护的航空技术装备的状况。

（2）上、下飞机必须经由规定部位。上飞机前，要擦净鞋上的泥沙、冰雪，在飞机上工作，要按规定铺上脚踏布或穿上鞋套。

（3）在操作中，要严格防止损伤飞机蒙皮和保护层。避免在航空技术装备上造成划伤、磨损、毛刺、缺口等。

（4）注意保护座舱玻璃、密封胶带、套胶等零件；不使飞机蒙皮和塑料、橡胶制件沾上能引起腐蚀的液体。

（5）采取措施防止多余物品落入航空技术装备内部或遗留在飞机上。由于维修操作而带来的金属屑、残余物、油垢、尘土等必须及时清除。

（6）维修航空技术装备的每一项工作，一般都应当由专人自始至终地做完，不要把尚未做完的工作转交别人去做。

（三）一般飞机维修规定

（1）所有维修人员进入工作区域，必须佩戴与工作或通行区域相符的有效证件；证件不得涂改和转让他人，发现丢失需立即报告；无关人员不得在工作现场逗留。

（2）维修人员在工作现场通行时应按照规定路线行走，不得妨碍航空器和车辆通行。接送航空器或指挥航空器试车必须在规定的区域位置。

（3）工作现场不许吸烟、嬉闹和随意扔杂物。维修人员工作时应按规定使用劳动保护用品。在客舱内工作时，穿着的工作服、手套应整洁，鞋底无油污、污物，座椅应套上防护罩，过道地毯上应有垫布或穿上鞋套，不得随意踩踏座椅。

（4）在机翼、机身上工作时，要穿工作鞋或垫上踏布。在机翼上只能在规定部位行走，在发动机、起落架舱、设备舱等部位工作时只能站在允许踩踏的部位，在任何情况下不能穿带钉鞋在航空器上工作。

（5）维修设备（如工作梯、千斤顶、拖把）及各类特种车辆必须保持完好和清洁，工作结束后应按规定放回到规定的区域内；动力设备应将动力源关断；备有刹车和稳定装置的设备应将其放在规定的状态。禁止使工作梯、特种车辆直接接触航空器（除客梯车外，其他车辆与航空器的距离应不小于 10 cm）。

（6）在航空器外部高处工作和在有冰、雪、霜的航空器表面工作时，维修人员必须按规定系上安全带，避免跌落受伤。

（7）维修人员应熟悉在紧急情况下自救和处理意外事故的方法。

二、修理现场工作守则

维修人员现场工作要落实好准备、施工、收尾和交接"四个到位"。

（一）准备到位

1. 资料文件

资料文件至少包含工作现场必需的技术手册或工卡。开工前现场负责人 / 维修人员要先阅读资料文件，掌握相关工作内容。

2. 工具设备

按照工卡要求准备符合标准 / 规格的工具设备，以及警告牌、跳开关夹、防护设备等。做到现场工具专人负责，摆放合理、清点到位。

3. 航材耗品

现场维修工作开展前领出的航、耗材外表完好，规格正确，标识清楚，时寿在有效期内，件号 / 软件版本适用性正确。确保各类航、耗材齐备，现场器材摆放整齐，保护措施到位等。

4. 梯架设施

工作前确认梯架合适可用，推行前要确认梯架的防撞胶条和制动机构情况良好等。梯架需按照规定路线行进，正确设置刹车或制动。接近 / 撤离工作部位前要确认推行路线与航空器外表面的接近情况。摆放梯架时，要注意规避可能因上客、加油、顶升等导致航空器位移变化或舵面动作造成的碰擦及人员受伤。

5. 人员资质

人员资质、数量、专业配置要符合工作要求，尤其是从事航空器顶升、发动机试大车、应急设备更换等重大或特殊工作时，需确保人员具备相关资质及能力。

6. 现场组织

重点关注多区域、多工种施工时的相互影响，有情景意识，合理安排工序。同一区域有多人工作时，要指定现场负责人。对于关键环节、重大工作、特殊气象条件等情况，根据单位特点视情况安排相应干部在场组织。对于应急情况要有预案。

7. 风险提示

关注 WARNING、CAUTION 等风险提示信息，复杂或危险性较高的工作开工前要进行重点、难点、风险点评估，并根据评估情况进行有效提示。

（二）施工到位

施工前要进行工作现场和工作条件确认，视情况组织现场班组会，具体施工过程中做好检查、拆装、测量三个环节，保证维修人员、航空器、设备安全。

检查时该必检的必检，该清洁的清洁，该借助工具的借助工具，该"详细目视检查"的不能"一般目视检查"，做到眼（看）到、手（摸）到、听到。检查过程要精力到位，关注关键点，按工卡顺序实施，避免漏检。

拆装时读懂工卡，按标准工艺实施。做好人员保护，穿戴好安全带、护目镜、手套等。做好工作区域防护，避免盖板、部件脱落造成航空器、人员损伤，避免螺钉、工具等落入航空器狭小区域，避免野蛮操作造成航空器部件或设备损伤。正确使用专用和计量工具。

测量时正确使用量具，按工卡要求实施，及时做好记录和标识，不允许工作整体做完后凭印象补记数据。

针对航线维修工作，按照工作单卡要求的路线或步骤逐项实施检查。工作中使用正确的梯架或工具，光线不足时使用手电检查，完成勤务工作（加油、气、水、电等）后确认口盖盖好，确认所有工具、设备、航材清点齐全，正确按照 MEL（最低设备清单）、CDL（构型偏离清单）等处置（包括 M 项实施和恢复）并做好记录，做好安全销、夹板、空速管套等红飘带的定期维修和更换，起飞前要重点关注销子、套子、堵头、夹板等已全部取下清点并按要求交接。

（三）收尾到位

收尾过程要做好作业区域整理清洁，落实工具三清点。对关键项目按要求执行互检，确保构型恢复正常，维修记录签署完整，设施设备归还到位。

（四）交接到位

建立和落实交接管控制度。做到交接信息准确、过程受控，要进行结果确认并形成闭环。关键步骤（如打力矩等）不允许交接，外部盖板等容易造成遗漏或检查困难的部件不允许部分安装后交接。

三、修理人员的安全保护

维修人员在工作中应当按照《个体防护装备配备规范 第1部分：总则》（GB 39800.1—2020）、国家颁发的劳动防护用品配备标准、维修技术文件及化学品安全说明书的要求和规定正确选用劳动防护用品。防护功能不符合实际工作需要、有效防护功能最低指标达不到国家有关标准要求、超过有效使用期限的防护品不得使用。个人防护品应避免交叉使用，使用时应注意佩戴卫生。

（一）呼吸保护

在没有防护的情况下，任何人都不应暴露在能够或可能危害健康的空气环境中。应选择国家认可的、符合标准要求的呼吸防护用品。使用任何一种呼吸防护用品都应仔细阅读产品使用说明，并严格按要求使用，部分呼吸防护用品在使用前还应当进行相应的培训。除喷漆等特殊工种，在一般维修工作中，通过呼吸系统影响人体健康的主要因素有粉尘、打磨颗粒物、燃油箱气体、胶水、清洁剂等化学品。维修人员应当按要求正确使用呼吸防护用品，如防尘口罩、自吸过滤式防毒呼吸器/面具、隔绝式呼吸器等。

（二）手部防护

根据受伤部位对工伤事故进行统计，手部受伤概率最高。为了保护好手部应根据不同的场所和性质正确选用手套，除电焊、无损检测等特殊工种外，在一般维修工作中，造成手部受伤的外界主要因素有机械施工、振动、电击、高温、寒冷、易燃易爆物品及化学品等。维修人员应当按要求正确使用手部防护用品，如机械危害防护手套、绝缘手套、防静电手套、化学品防护手套、防高温/防寒手套等。

（三）眼部（视力）保护

除无损检测、电焊等特种作业的工作外，造成眼部（视力）损伤的外界因素主要有尖锐物、飞屑、粉尘、强光和化学物质。除特种作业外，容易造成损伤的维修工作有打保险、錾凿、打孔、冲压、弯曲、成型、矫直、铆接，以及需要接触油液、酸/碱或其他有害化学品的工作等。维修人员应当根据不同的场所和性质按要求正确选用个人用眼护具，如眼镜、眼罩和面罩等。

（四）耳部（听力）保护

航空器维修大多处于一个较高噪声的工作环境，使听觉器官经常处于听力疲劳状态，如果在此状态下继续接触强噪声，会使听觉器官由功能性改变发展为器质性病变，这时听力就会永久丧失，因此加强预防和保护是非常重要的。

造成听力损伤的外界因素主要有发动机噪声和铆接时的噪声。选择护听器要充分考虑使用环境和佩戴个体的条件，并且应在提供有效听力保护的同时不影响维修工作的进行，避免过度保护。凡暴露在 80 dB（A）（含）以上工作场所的作业人员宜佩戴护耳器（如耳塞或耳罩），超过 85 dB（A）（含）以上的则必须佩戴。当佩戴护耳器后，人耳接触的噪声值仍超过 85 dB（A）（含），应采取双重防护（同时佩戴耳塞和耳罩）。针对发动机噪声的防护，应根据维修手册中的规定采取相应的保护措施，通常应考虑的因素有发动机功率状态和工作数量、佩戴护耳器、人体与发动机间的方位和距离及工作时长。

（五）工作服、头部保护和工作鞋

工作中应遵守所在单位的着装规定和要求。除单位规定的正常制服外，在维修工作中为消除危险因素，减少对作业人员的威胁，通常使用的一次性防护服装，如用于燃油箱作业的防静电工作服、用于喷漆或喷涂防腐剂的化学防护服等。

除特殊规定外，在可能存在物体坠落、碎屑飞溅、磕碰、撞击、穿刺、挤压、摔倒及跌落等伤害头部的场所时，应当佩戴至少具有基本性能的安全帽，安全帽的材料不应与作业环境发生冲突，佩戴时应扣紧扣带并防止碰擦飞机部件、控制开关等。

为保护穿着者足、腿部免遭作业区域危害，维修人员应当根据不同的场所和性质选择工作鞋。通常情况下应穿着安全鞋，鞋子装有保护包头以防止脚趾 / 骨受到机械伤害，鞋底防滑并具有一定的防刺穿性能。另外，常见的防护鞋还有防静电鞋、防化学鞋和防水防滑鞋等。

（六）高处作业保护

凡在坠落高度相对于基准面 2 m（含）以上有可能坠落的高处进行的作业称为高处作业。高处作业应尽可能地消除危险因素，减少对作业人员的威胁。如果不能完全消除危险，则应最大限度地降低风险程度，至少降低至可接受的水平。例如，对人群的防护应采用带护栏的工作平台，对个人的防护应配置个体坠落防护装备，包括坠落悬挂安全带、区域限制安全带等。安全带应由专人保管、存储并定期进行检查和校验，使用前应检查各部位是否完好无损。安全带应拴挂于牢固的构件上，防止挂点摆动或碰撞。使用坠落悬挂安全带时，挂点应位于工作平面上方。

四、修理方案的拟订

修理方案是对损伤飞机结构实施修理的依据。修理方案是否科学合理，不仅影响修理质量和飞行安全，而且还关系到能否缩短修理时间、减少修理费用等问题。因此，在对损伤飞机实施修理之前，必须合理地制订修理方案。

（一）修理方案的主要内容

修理方案通常用表格、条款的形式书写，其主要内容如下。

1. 损伤情况和检测结果

损伤情况主要是从总体上对损伤飞机进行描述，内容包括蒙皮损伤原因、损伤部位、损伤形式和尺寸大小等。检测结果一般以表格的形式书写，内容包括损伤构件的名称、材料、构件类型、损伤类型和损伤尺寸等。

2. 修理方法和工艺

每一处损伤都应给出其相应的修理方法，或提出几种修理方法供修理人员根据现场条件选择。每种修理方法都应以表格的形式给出其相应的修理工艺，内容包括工艺步骤、技术要求、修理简图、质量检验内容和方法、注意事项、修理时间和操作人员等。

3. 修理程序和人员分工

根据飞机结构的损伤情况和施工条件及修理应达到的标准，对各项具体工作（工序）进行统筹兼顾，制定修理工作程序，以及有效地利用时间、人力和物力等资源。修理程序一般以流程图的形式给出，内容包括串行工作项目和并行工作项目，以及各项工作时间限制等。修理人员包括人员的总数、人员的工种和数量、人员的分组和承担的任务等。

4. 修理器材和工具

修理器材和工具依据飞机结构的损伤情况和采用的修理方法确定。内容包括器材牌号、规格和数量，以及工具类型和数量等。

除上述内容外，修理方案中还应包括修理总时限、修理所需的技术资料等。

（二）制订修理方案时应考虑的基本因素

制订修理方案时，主要以该型飞机的修理技术手册为依据。对于超出手册范围的严重结构损伤，其制订的依据是该型飞机的强度设计资料、空气动力资料、腐蚀控制资料及修理准则等。必要时需进行相关试验，以验证结构修理方案的准确性。

1. 充分考虑损伤原因和损伤构件的类型

损伤原因不同，需要考虑的因素也不同。如停机状态下飞机被碰撞造成的损伤，由于飞机结构不受力，损伤影响区域较小，确定损伤部位及损伤件比较容易；若飞机在空中飞行以及起飞、着陆过程中产生损伤，其损伤影响区域较大，需要考虑的因素也比较复杂，要根据飞机的受力状态、传力路线等确定损伤影响区域及损伤构件的损伤细节。

损伤构件的类型不同，其修理原则和修理方法也不同。如相同尺寸的蒙皮破孔，若蒙皮为单板薄蒙皮，一般采用托底平补法修理；若蒙皮为壁板蒙皮，则采用盖板法修理。

2. 充分考虑结构静强度和刚度等方面的要求

制订修理方案时，不仅要满足结构静强度要求，还需满足结构刚度方面要求。需要充分考虑结构修理后，不能改变原结构的破损安全设计、损伤容限设计和耐久性设计的特性。切忌单纯从静强度上考虑，而采用刚性较大、强度较高的材料，过分地加强损伤部位。对于结构件材料强度较低，并且处于拉—拉或拉—压交变应力状态时，不宜采用超高强度材料加强修理。

3. 充分考虑气动力光滑性要求

为了保持飞机的良好气动力特性，在制订修理方案时，应注意保持和恢复飞机的流线型和蒙皮表面的光滑度。对于飞机气动力敏感部位（如内蒙皮等），要尽可能恢复其原来外形；对于可采用外加补片修理的部位，要给出明确的规范要求。

4. 充分考虑修补质量要求

修补质量的过分增加，不仅会破坏原结构的平衡，甚至可能改变飞机的重心位置，造成飞机不平衡。因此，在修理方案中，对于补强件的材料、尺寸和紧固件的数量等均应有明确的规定。

5. 充分考虑密封性和可接近性要求

制订修理方案时，对于密封结构修理，应考虑密封形式、密封材料和密封要求等。对每一处损伤的修理，必须考虑施工的可行性，即可接近性；一般需要考虑施工路线、程序、施工空间及开施工孔等。

6. 充分考虑永久性修理

在应急情况下，对于损伤飞机的修理不可能完全实施永久性修理，有些损伤需采用临时性修理。在制订临时性修理方案时，除规定检查周期和使用时限外，还要充分考虑永久性修理，如果不这样考虑，就会给永久性修理带来不便，甚至会造成无法实施永久性修理的后果。

（三）修理方案示范

修理方案（表1-1）：某型飞机左机翼蒙皮破孔在25框第15与16构件之间
地点：实训楼一体化教室，×号工位
时间：202×/××/××—202×/××/××
人员：×××，×××，×××，×××

表1-1　修理方案

损伤情况
损伤部位：某型飞机左机翼在25框第15与16构件之间蒙皮
损伤原因：撞伤
损伤形式：破孔
尺寸大小：63×45
材料：铝合金
材料类型：蒙皮
修理方法和工艺
1. 铆接托底平补法

（1）确定损伤范围。 某型飞机左机翼 25 框第 15 与 16 构件之间蒙皮	注意事项： 切割线超过损伤范围 5 mm。 将蒙皮损伤处切割成规则形状，矩形孔圆角半径应符合要求。 切割线的直线部分应与构架相平行，并保持一定距离。 尽量使长轴或长边平行于桁条。 切割线应尽可能避开铆钉
（2）切割损伤部位。 用气钻连续钻孔法切割，去掉损伤蒙皮，用锉刀修理边缘，到 R10 倒角，避免应力集中	注意事项： 切割时，既要保证切割孔的形状和尺寸，又要防止损伤内部构架和机件
（3）制作补片和衬片。 用与蒙皮材料相同、厚度相同的铝合金板制作。 修理工艺 $$l=l_1+4c+2(m-1)a$$	注意事项： 以孔为基础锉削补片，避免补片与孔同时锉削。 要做好标记，便于补片与孔对缝。 有次序地由一个方向边锉修。防止急躁，要少锉勤对
（4）钻孔铆接。 先铆衬片，后铆补片。 对于矩形孔，首先在四角确定 4 个铆钉，然后均匀排列	注意事项： 修理蒙皮破孔时，必须使衬片有足够的强度，并对接缝的铆钉数进行计算，这样才能做到心中有数

2. 技术要求

等强度修理。

刚度协调修理。

抗疲劳修理。

3. 修理简图（图 1-1）

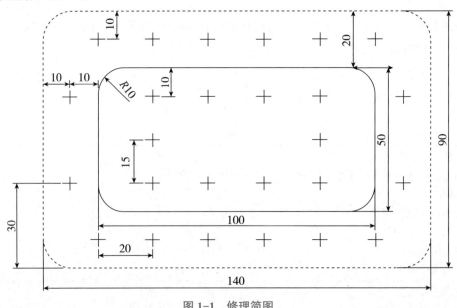

图 1-1　修理简图

4. 质量检查 蒙皮外形质量检查； 气动外形缘型值公差； 部件前缘和后缘直线度公差； 蒙皮对接公差。 5. 检查方法 蒙皮的气动外缘型公差和波纹度可用检验样板、卡尺和直尺检查。 蒙皮的对缝间隙通常采用塞尺检查，对缝阶差用百分表检查
修理程序和人员分配 第 × 小组全体人员 ×××负责制作修理方案 ×××负责切割损伤部位 ×××负责制作补片和衬片 ×××负责铆接和质量检验
修理器材和工具 钢直尺、记号笔、气钻、钻头、铝锉、整形锉、铆枪、平头铆卡、U形顶铁、锯弓、锪窝钻、弓形夹、铝板、沉头铆钉、拉铆枪、拉铆钉

【学习任务】

1. 查阅相关资料，描述上飞机工作"十不准"。

2. 查阅相关资料，说明修理现场工作守则的"准备到位"包括的内容。

3. 在飞机上进行维修时必须遵守的规定有（   ）。

  A. 机务人员工作结束后，还要向飞机机械师报告所进行的工作及负责维护的航空技术装备的状况

  B. 在操作中，要严格防止损伤飞机蒙皮和保护层，避免在航空技术装备上造成划伤、磨损、毛刺、缺口等

C. 采取措施防止多余物落入航空技术装备内部或遗留在飞机上，由于维修操作而带来的金属屑、残余物、油垢、尘土等必须及时加以清除

D. 维修航空技术装备的每一项工作，一般都应当由专人自始至终地做完，不要把尚未做完的工作转交别人做

4.飞机修理手册的风险提示"WARNING"是什么含义？

5.飞机结构修理工作中，如何对修理人员的手部进行保护？

6.除特殊规定外，在可能存在（　　）、（　　）、磕碰、撞击、穿刺、挤压、摔倒及跌落等伤害头部的场所时，应当佩戴至少具有基本性能的安全帽。

【总结与提高】

一、主要知识点回顾

1.维修人员在工作现场通行的注意事项有哪些？

2.修理工作现场的"交接到位"是指哪些内容？

3.凡在坠落高度相对于基准面多高以上有可能坠落的高处进行的作业称为高处作业？

4.判断

禁止使工作梯、特种车辆直接接触航空器（除客梯车外，其他车辆与航空器的距离不应小于 20 cm）。（　　）

理由：

5.飞机金属结构修理方案包括哪些因素？

二、总结思考

1.通过本次学习，我学到的知识点／技能点（规章或制度）：

实训操作中所遇到问题（修理方案的拟订）：

解决方案：

2.自身认为在以下方面还需要深入学习并提升岗位能力，可将自己的评价分数（百分制）标在图1-2中。

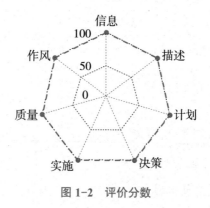

图1-2　评价分数

三、他山之石

其他成员评语：

教师评语：

项目二　飞机金属结构修理的工具设备

工作任务	飞机金属结构修理的工具设备	教学模式	任务驱动和行动导向
建议学时	4 学时	教学地点	一体化教室
任务描述	在现在的飞机制造与维修上，需要用到很多飞机金属结构修理的相关技术知识。一线操作人员要能够熟练地掌握飞机金属结构修理相关工具、设备的使用方法，不正确的使用方法可能给飞机带来损伤或给人员带来人身伤害，这些工具、设备包括气钻、铆枪（图1-3）、气源、剪板机、折弯机等。本项目为飞机金属结构修理常用工具、设备的使用，掌握这部分内容为飞机金属结构修理实训的开展奠定良好基础 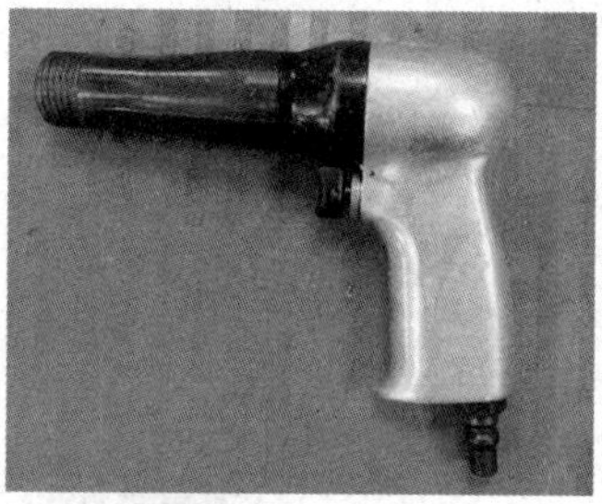	图1-3　气动铆枪	
学习目标	知识目标	1. 熟悉飞机金属结构修理的常用工具类型； 2. 熟悉飞机金属结构修理的常用量具类型； 3. 熟悉飞机金属结构修理设备的使用方法； 4. 具有安全生产意识，掌握对地面事故的预防措施； 5. 掌握飞机金属结构修理工具的管理规定； 6. 熟悉飞机金属结构修理量具的维护要求	
	能力目标	1. 能正确使用飞机金属结构修理的常用工具； 2. 能正确使用飞机金属结构修理的常用量具； 3. 能正确使用飞机金属结构修理的常用设备； 4. 能正确预防地面事故的发生； 5. 能管理飞机金属结构修理工具； 6. 能维护飞机金属结构修理量具	
	素质目标	1. 具有爱岗敬业、诚实守信、遵章守纪的良好职业道德； 2. 具备严谨规范、精益求精、吃苦耐劳的优良品质； 3. 具备团队协作、人际沟通的社会交往能力； 4. 具备从事本专业工作的安全防护、安全文明生产和环境保护等意识； 5. 具备"极其负责、精心维修"的职业素养	
重难点	重点	飞机金属结构修理工具设备的识别	
	难点	飞机金属结构修理工具设备的使用	

一、常用工具

（一）气钻

气钻是一种手持式气动工具，主要用于对金属构件的钻孔工作，尤其适用于薄壁壳体件和铝镁等轻合金构件上的钻孔工作，速度快、效率高、操作简便，如图1-4所示。

气钻使用方法如下：

（1）使用气钻时，必须佩戴护目镜和耳塞，防止铝屑进入眼睛和噪声损伤听力。

（2）装夹钻头或更换钻头时，必须取下气源，防止手指误碰开关造成受伤。

（3）装夹钻头时必须用钥匙拧紧，如图1-5所示。

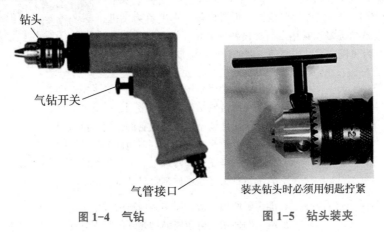

钻头

气钻开关

气管接口

装夹钻头时必须用钥匙拧紧

图1-4　气钻　　　　　图1-5　钻头装夹

（4）连接气源时，手指不要碰到气钻开关，防止受伤。

（5）轻点气钻开关扳机进行试枪，检查气钻是否正常工作。检查钻头摆动量是否符合要求。

（二）铆枪

铆枪是铆接的主要工具，铆接时通过铆枪中的活塞击打冲头从而锤击铆钉杆，使其成为镦头。铆枪如图1-6所示。

铆枪使用方法如下：

（1）使用铆枪时应选择合适的铆卡，不可强行装配。

（2）安装铆卡时应先连接气源，后安装铆卡，然后安装弹簧，如果不能安装弹簧，则在铆卡和铆枪上捆扎上橡皮筋，防止铆卡射出伤人。

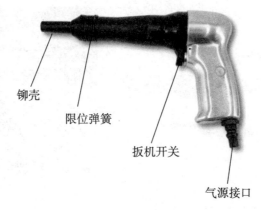

铆壳

限位弹簧

扳机开关

气源接口

图 1-6　铆枪

（3）使用铆枪时，枪头严禁对人。

（4）测试铆枪时，枪头应对着软木块或橡胶垫，严禁对着坚硬物体进行试枪，否则可能造成枪头损坏。

（5）测试铆枪时，严禁放空枪，否则会造成活塞损坏。

（三）穿心夹

穿心夹是定位销的一种，有弹簧式定位销、手动式穿心夹、气动式穿心夹。弹簧式定位销也称为 Cleco 定位销，其由一个钢制的圆柱体、一个顶部的活塞、一个弹簧、一对阶梯形的锁和一个撑杆组成。穿心夹一般有六种不同的尺寸：3 / 32、1 / 8、5 / 32、3 / 16、1 / 4 和 3 / 8 英寸 [1 英寸（ ＂）≈2.54 cm] 直径，上面印有彩色颜色，代表不同的直径，容易大小识别，见表 1-2。一个特殊型号的钳子可适用于六种不同的尺寸，用起来简单、快捷，但是要配合专用钳才可以使用，受制于弹簧的限制，通常能够定位的产品零件较薄，如图 1-7 所示。Cleco 定位销钳如图 1-8 所示。弹簧式定位销的使用如图 1-9 所示。手动式穿心夹安装较慢，效率低，通常用于局部区域，如图 1-10 所示。

表 1-2　弹簧式定位销（Cleco）颜色对应尺寸

Size（尺寸）	Colour（颜色）	Grip（夹持尺寸）
3/32 ＂（40 号）	Silver（银）	0~1/2 ＂
1/8 ＂（30 号）	Copper（紫铜）	0~1/2 ＂
5/32 ＂（20/21 号）	Black（黑）	0~1/2 ＂
3/16 ＂（10 号）	Brass（黄铜）	0~1/2 ＂
1/4 ＂	Copper（紫铜）	0~1/2 ＂

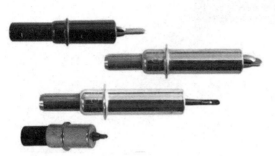

图 1-7　弹簧式定位销（Cleco 定位销）

图 1-8　Cleco 定位销钳

图 1-9　弹簧式定位销的使用

图 1-10　手动式穿心夹

（四）弓形夹

弓形夹又叫作 C 形夹，形似一个大 C，有三个主要部件：螺纹螺钉、下颚、旋转头，如图 1-11 所示。螺钉的转盘或平端要防止末端直接接触被夹紧的材料，因为 C 形夹会留下痕迹在铝上，在使用 C 形夹的地方，需用遮蔽胶带保护机件。C 形夹尺寸是由最大物体的尺寸来测量的，机架可与螺钉完全展开配合。从螺钉中心线到里面的距离，边框的边缘或喉部的深

图 1-11　弓形夹

度也很重要，使用时要注意。C 形夹大小不一，使用时须注意选择。

（五）锪窝钻

锪窝钻是用来在飞机表面或内部结构进行锪窝的一种钻头，目的是使沉头铆钉与零件表面平齐，不同角度的锪窝钻与不同角度的沉头铆钉相对应。标准沉头有 100° 沉头

和 120° 沉头。锪窝钻有分体式锪窝钻、整体式锪窝钻、带限位器锪窝钻。分体式锪窝钻如图 1-12 所示，结构简单，但是锪窝过程中，可能会造成导向柱松脱。整体式锪窝钻如图 1-13 所示，相比分体式而言，导向柱不会掉，较为耐用。整体式和分体式锪窝钻对操作者水平要求较高，需要在锪窝过程中保持锪窝钻与零件表面垂直，且需要用眼睛不断观察锪窝深度，并不断用铆钉来检查锪窝深度。带限位器锪窝钻结构复杂，造价较高，但是锪窝速度快、质量较高，对操作者水平要求相对较低，在飞机上锪窝时优先选用这种锪窝钻。带限位器锪窝钻需要的操作空间较大，如果空间较小，则选用其他锪窝钻。

图 1-12　分体式锪窝钻　　　　　图 1-13　整体式锪窝钻

（六）顶铁

顶铁是用来在飞机上进行铆接时，顶在铆钉头或铆钉杆上，给铆钉提供一个反作用力的铁块，根据铆钉的大小不一样，铆接空间大小不一样，顶铁具有不同的形状和质量（图 1-14）。当铆接件的形状比较复杂、铆接空间不足时，需要专门设计顶铁的形状。

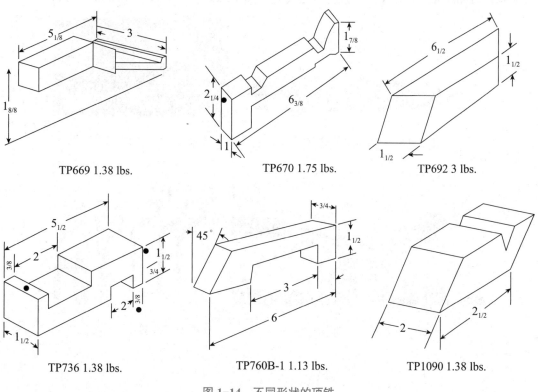

图 1-14　不同形状的顶铁

19

（七）铆卡

铆卡是安装在铆枪筒内不可缺少的铆接配件，铆接时用冲头击打铆钉头（或镦头），传递锤击时的冲击载荷。铆卡由尾杆及工作部分组成，通常冲头与铆枪配套使用，尾杆套入铆枪枪筒内，其直径和长度与铆枪枪筒尺寸一致（图 1-15）。为保持铆钉头（或镦头）的形状正确，冲头的形状应随铆钉头形状变化，当铆钉头为平面时，冲头的工作面为平面，铆钉头为半圆头时，铆卡也应带有对应的圆坑窝。使用过程中，如果铆卡尾杆不能插入铆枪枪筒，允许用砂纸轻微打磨毛刺，使尾杆能够进入。在铆接时，为了获得更高的铆接质量，在铆接

图 1-15 不同头型和尺寸的铆卡

前需要对铆卡进行打磨抛光，特别是平头铆卡，半圆头或平锥头铆卡，需要在内部垫上一层医用胶布或专用胶带，防止损伤铆钉头。

（八）去毛刺刮刀

去毛刺刮刀是用来对加工边或加工完成后的孔进行去毛刺的工具。对边去毛刺铰刀如图 1-16 所示，对边去毛刺方法如图 1-17 所示，更换刀片方法如图 1-18 所示。对孔进行去毛刺铰刀如图 1-19 所示。所有边和孔去毛刺都不可太深，一般为 0.02~0.2 mm。

图 1-16 对边去毛刺铰刀

图 1-17 对边去毛刺方法

图 1-18 更换刀片方法

图 1-19 对孔去毛刺铰刀

二、常用量具

（一）钢直尺

钢直尺是最简单的长度量具，它的长度有 150、300、500 和 1 000（mm）四种规格。图 1-20 所示是常用的 150 mm 钢直尺。

图 1-20　钢直尺

钢直尺用于测量零件的长度尺寸，如图 1-21 所示，它的测量结果不太准确。这是由于钢直尺的刻线间距为 1 mm，而刻线本身的宽度就有 0.1~0.2 mm，所以测量时读数误差比较大，只能读出毫米数，即它的最小读数值为 1 mm 或 0.5 mm。

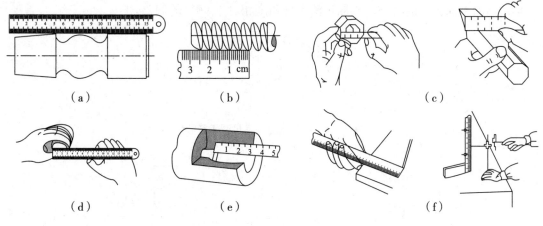

图 1-21　钢直尺的使用方法
（a）量长度；（b）量螺距；（c）量宽度；（d）量内孔；（e）量深度；（f）画线

如果用钢直尺直接去测量零件的直径尺寸（轴径或孔径），则测量精度更差。其原因：除钢直尺本身的读数误差比较大外，还由于钢直尺无法正好放在零件直径的正确位置。所以，零件直径尺寸可以利用钢直尺和内外卡钳配合起来进行测量。

（二）直角尺

直角尺又称 90° 角尺，用来检验直角和画垂直线，加工时还用来找正工件与夹具的位置，安装设备时又用来检验零件和部件之间的相互垂直位置，结构简单、使用方便。常用的直角尺有刀口直角尺（图 1-22）和宽座直角尺（图 1-23）。

图1-22 刀口直角尺　　　图1-23 宽座直角尺

使用直角尺测量时，先用短边紧贴基准面，然后观察零件被测表面与直角刀口边之间光隙的大小和位置，来判断零件的表面是否垂直和向哪边倾斜，也可以用塞尺量出间隙的数值。

宽座直角尺可以用来画平行线，如图1-24所示。刀口直角尺一般用来测量垂直度，如图1-25所示，使用刀口直角尺测量工件时，可将工件放平板上，然后慢慢在平板上移动直角尺的基准面，使测量边紧靠工件测量面，避免刀口直角尺与工件碰撞。观察工件与直角尺的测量面光隙的大小，判断被测工件角度相对于90°的偏差。

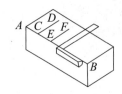

图1-24　使用宽座直角尺画平行线

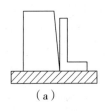 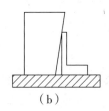 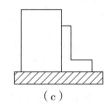

（a）　　　　　　　（b）　　　　　　　（c）

图1-25　测量垂直度

（a）被测角小于90°；（b）被测角大于90°；（c）被测角等于90°

直角尺的使用注意事项如下：

（1）使用前应先清除工件棱边上的毛刺，并将工件测量位置和直角尺擦干净。

（2）使用时，要避免直角尺的尖端和工件表面相碰，以免损坏工件和直角尺。

（3）使用时，不能将直角尺的刀口边在工件上拖行，这样会增大磨损，降低检测精度。

（4）无论测量内角还是外角，测量时都应先将直角尺的基准面和刀口直角尺的基准面完全贴合，然后观察光隙，从而判断角度大小。

（三）塞尺

塞尺又称厚薄规或间隙片，如图 1-26 所示，主要用来测量两个结合面之间的间隙。塞尺是由许多层厚薄不一的钢片组成，每把塞尺中的每片具有两个平行的测量平面，且都有厚度标记，以供组合使用。测量时，根据结合面间隙的大小，用一片或数片重叠在一起塞进间隙内。例如，用 0.03 mm 的一片能插入间隙，而 0.04 mm 的一片不能插入间隙，这说明间隙为 0.03~0.04 mm，所以塞尺也是一种界限量规。

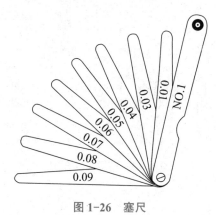

图 1-26　塞尺

塞尺的使用注意事项如下：

（1）根据结合面的间隙情况选用塞尺片数，但片数越少越好。

（2）测量时不能用力太大，以避免塞尺遭受弯曲和折断。

（3）不能测量温度较高的工件。

（四）塞规

塞规是检测零件孔或槽尺寸的孔用量规，如图 1-27 所示。塞规的通规用于控制孔的最小极限尺寸，其基本尺寸应按照孔的最小极限尺寸制造，用大写字母 T 表示；止规则用于控制孔的最大极限尺寸，其基本尺寸应按照孔的最大极限尺寸制造，用大写字母 Z 表示。测量时，若塞规的通端能通过零件的孔，而止端不能通过，则该零件合格，其余均不合格，如图 1-28 所示。

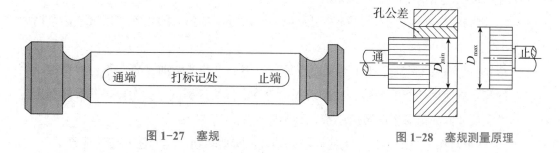

图 1-27　塞规　　　　　　　　　　图 1-28　塞规测量原理

塞规的使用注意事项如下：

（1）在检测前，要注意在塞规上面的基本尺寸、公差代号与被测零件的基本尺寸和公差代号相同，否则会影响检测结果。

（2）测量时应使塞规的工作部分轴线与被测孔的轴线尽量同轴，同时要保证塞规与零件之间合适的接触力，如图1-29所示。

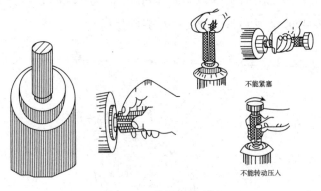

图1-29　塞规使用方法

（五）半径样板（R规）

检查圆弧角半径尺寸是否合格的量规叫作半径样板，简称为R规，如图1-30所示。半径样板可分为检查凸形圆弧的凹形样板和检查凹形圆弧的凸形样板两种。半径样板也成套地组成一组，根据半径范围，常用的有三套，每组由凹形样板和凸形样板各16片组成，每片样板都是用0.5 mm厚的不锈钢板制造的。

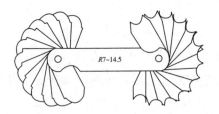

图1-30　半径样板（R规）

半径样板在使用前的注意事项如下：

（1）半径样板在使用前要进行外观及成套性检查、各部分的相互作用试验，合格后方可使用。

（2）半径样板的测量面和非测量面应平整，不得有凸凹弯曲现象，不得有锈蚀、毛刺、碰伤等影响使用性能的缺陷。在保护板上应清晰标明样板的尺寸范围，每片样板上应标明其半径尺寸，如果半径的数值不清，则不要使用。

（3）样板与保护板的连接应能使样板绕轴心平滑地转动，无卡住或松动现象。

半径样板的使用方法如下：

检验轴类零件的圆弧曲率半径时，样板要放在径向截面内；检验平面形圆弧曲率半径时，样板应平行于被检截面，不得前后倾倒。

使用半径样板检验工件圆弧半径有两种方法：一是当已知被检验工件的圆弧半径时，可选用相应尺寸的半径样板去检验；二是事先不知道被检工件的圆弧半径时，则要用试测法进行检验。方法：首先用目测估计被测工件的圆弧半径，以此选择半径样板去试测。若工件为凸形圆弧如图 1-31 所示，当光隙位于圆弧的中间部分时，这说明工件的圆弧半径 r 大于样板的圆弧半径 R，应换一片半径大一些的样板去检验。若光隙位于圆弧的两边，说明工件的圆弧半径 r 小于样板的半径 R，则应换一片尺寸较小的半径样板去检验，直至两者吻合（$r=R$），此样板的半径就是被测工件的圆弧半径。图 1-31 所示是检查凸圆弧，图 1-32 所示是检查凹圆弧。

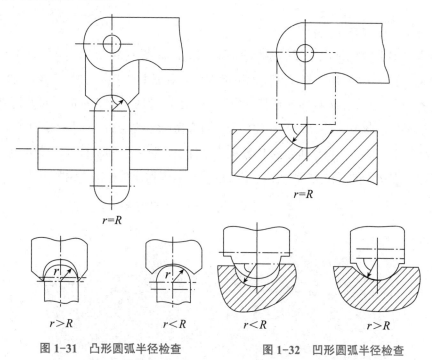

图 1-31　凸形圆弧半径检查　　　图 1-32　凹形圆弧半径检查

如果根据工件圆弧半径的公差选两片（或制造两块）极限样板，对凸形圆弧，用上限半径样板检验时，允许其两边沿处漏光；用下限半径样板检验时，允许其中间漏光，均可确定该工件的圆弧半径在公差范围内。对凹形圆弧，漏光情况则相反。

（六）游标卡尺

游标卡尺是一种中等精度的量具，优点是结构简单、使用方便、测量范围大，可以直接测量零件的外径、内径、长度、宽度、深度和孔距等尺寸。

游标卡尺的测量范围：三用游标卡尺有 0~125 mm，0~150 mm 两种，精度有 0.1 mm、0.05 mm、0.02 mm 三种。游标卡尺结构如图 1-33 所示。

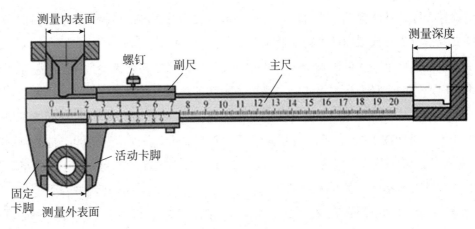

图 1-33　游标卡尺结构

游标卡尺的读数原理如下：

游标卡尺的读数机构由主尺和游标两部分组成，如图 1-34 所示。当活动量爪与固定量爪贴合时，游标上的"0"刻线（简称游标零线）对准主尺上的"0"刻线，此时量爪间的距离为"0"。当尺框向右移动到某一位置时，固定量爪与活动量爪之间的距离，就是零件的测量尺寸。此时零件尺寸的整数部分，可在游标零线左边的主尺刻线上读出来，而比 1 mm 小的小数部分，可借助游标读数机构来读出，将主尺和游标上的读数相加即为零件尺寸读数，现将 0.02 mm 精度的游标卡尺的读数原理和读数方法介绍如下。

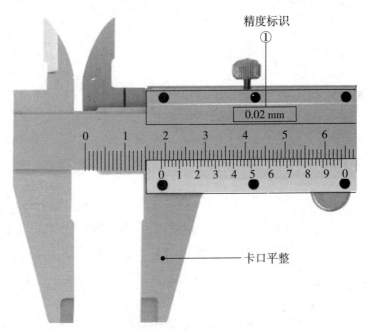

图 1-34　游标卡尺的主尺和游标

主尺每小格 1 mm，当两爪合并时，游标上的 50 格刚好等于主尺上的 49 mm，则游标每格间距为 49 mm÷50＝0.98（mm），主尺每格间距与游标每格间距相差 1－0.98＝0.02（mm），

0.02 mm 即此种游标卡尺的最小读数值。

游标卡尺的读数方法如下：

（1）读整数。在尺身上读出位于游标零线最左边的整数值。

（2）读小数。用游标上与尺身刻线对齐的刻线格数，乘以游标卡尺的测量精度，读出小数部分。

（3）求和。将整数部分和小数部分相加，即被测尺寸。

游标卡尺的使用方法如下：

（1）测量前应把卡尺擦拭干净，检查卡尺的两个测量面和测量刃口是否平直无损，将两个量爪紧密贴合时，应没有光线透过，同时游标和主尺的零位刻线要相互对准。这个过程称为校对游标卡尺的零位。

（2）移动尺框时，活动要自如，不应有过松或过紧的现象，更不能有晃动现象。用固定螺钉固定尺框时，卡尺的读数不应有所改变。在移动尺框时，不要忘记松开固定螺钉，也不宜过松以免掉落。

（3）当测量零件的外尺寸时：卡尺两测量面的连线应垂直于被测量表面，不能歪斜。测量时，可以轻轻摇动卡尺，放正垂直位置。测量是量爪应张开到略大于被测尺寸，用固定量爪贴住工件，轻微用力把活动量爪推向工件。游标卡尺使用方法如图 1-35 所示。

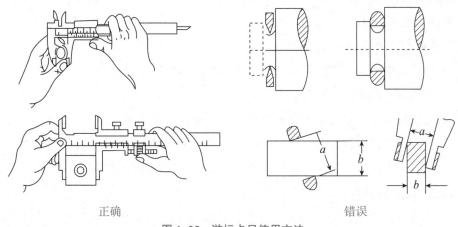

正确　　　　　　　　　　　　　　　错误

图 1-35　游标卡尺使用方法

（4）测量内尺寸或孔径时，量爪开度应略小于被测尺寸，测量时量爪应放在最大读数位置或最大孔径上，不得倾斜。

（5）测量孔深或高度时，应使深度尺的测量面紧贴孔底，游标卡尺的端面与被测工件的表面接触，且深度尺要垂直，不可前后左右倾斜。

（6）游标卡尺读数应置于水平位置，视线垂直于刻线表面，避免视线歪斜造成读数误差。

（7）使用后，应及时将卡尺擦拭干净，将两个量爪离开一点距离，将卡尺放入盒内保存。

（七）高度游标卡尺

高度游标卡尺用于测量零件的高度和精密画线，如图 1-36 所示，它的结构特点是用质量较大的基座 4 代替固定量爪 5，而活动的尺框 3 通过横臂装有测量高度和画线用的量爪，量爪的测量面上镶有硬质合金，以提高量爪的使用寿命。高度游标卡尺的测量工作应在平台上进行。当量爪的测量面与基座的底平面位于同一平面时，如在同一平台平面上，主尺 1 与游标 6 的零线相互对准。所以在测量高度时，量爪测量面的高度就是被测量零件的高度尺寸，它的具体数值与游标卡尺一样可在主尺（整数部分）和游标（小数部分）上读出。使用高度游标卡尺画线时，调好画线高度，用紧固螺钉 2 把尺框锁紧后，也应在平台上先进行调整再画线。使用高度游标卡尺画线时应一次性画成，量爪应垂直于工件表面。

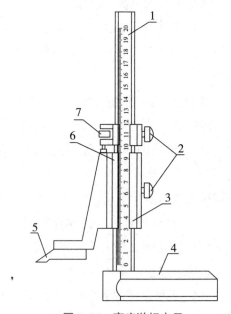

图 1-36 高度游标卡尺

1—主尺；2—紧固螺钉；3—尺框；4—基座；
5—量爪；6—游标；7—微动装置

高度游标卡尺使用注意事项如下：

（1）使用时应轻拿轻放，移动时应握住底座，不能用手提尺身；

（2）使用时应保证画线平板清洁；

（3）画线时应防止画线量爪撞击方箱，造成硬质合金崩裂；

（4）不要使用两个侧尖画线，防止磨损造成线条变宽；

（5）画线或测高时，应注意量爪是否紧固，防止造成画线或测高不准；

（6）紧固螺钉时用力不要过大，防止螺钉折断；

（7）精密量具应实行定期检定和保养，长期使用的精密量具，要定期送计量站进行保养和检定精度，以免因量具的示值误差超差而造成产品质量事故。

三、飞机金属结构修理的常用设备

（一）剪板机

剪板机是用一个刀片相对另一刀片做往复直线运动剪切板材的机器，如图 1-37 所示。剪板机借助运动的上刀片和固定的下刀片，采用合理的刀片间隙，对各种厚度的金属板材施加剪切力，使板材按所需要的尺寸断裂分离。剪板机属于锻压机械中的一种，主要服务于金属加工行业。产品广泛适用于航空、轻工、冶金、化工、建筑、船舶、汽车、电力、电器、装潢等行业所需的专用机械和成套设备。

图 1-37　剪板机

工作原理：剪板机剪切后应能保证被剪板料剪切面的直线度和平行度要求，并尽量减少板材扭曲，以获得高质量的工件。剪板机的上刀片固定在刀架上，下刀片固定在工作台上。工作台上安装有托料球，以便于板料在上面滑动时不被划伤。后挡料用于板料定位，位置由电动机进行调节。压料缸用于压紧板料，以防止板料在剪切时移动。护栏是安全装置，以防止发生工伤事故。

剪板机操作规程如下：

（1）工作前要认真检查剪板机各部分是否正常，电气设备是否完好，润滑系统是否畅通；清除台面及其周围放置的工具、量具等杂物及边角废料。

（2）要根据规定的剪板厚度，调整剪板机的剪刀间隙。不准同时剪切两种不同规格、不同材质的板料；不得叠料剪切。剪切的板料要求表面平整，不准剪切无法压紧的较窄板料。

（3）剪板机操作者送料的手指离剪刀口应保持最少 200 mm 的距离，并且离开压紧装置。在剪板机上安置的防护栅栏不能挡住操作者眼睛而看不到裁切的部位。作业后产生的废料有棱有角，操作者应及时清除，防止被刺伤、割伤。

（4）剪切时要放置栅栏，防止操作者的手进入剪刀落下区域。工作时严禁捡拾地上废料，以免被落下来的工件击伤。

（5）不能剪切淬过火的材料，也决不允许裁剪超过剪板机的工作能力。

（6）使用中如发现机器运行不正常，应立即切断电源停机检查。

（7）调整机床时，必须切断电源，移动工件时，应注意手的安全。

（二）折弯机

折弯机可分为液压折弯机和手动折弯机、数控折弯机。液压折弯机是一种能够对薄板进行折弯的机器，如图 1-38 所示，其结构主要包括支架、工作台和夹紧板，工作台置于支架上，工作台由底座和压板构成，底座通过铰链与夹紧板相连，由座壳、线圈和盖板组成，线圈置于座壳的凹陷内，凹陷顶部覆有盖板。

液压折弯机工作原理：使用时由导线对线圈通电，通电后对压板产生引力，从而实现对压板和底座之间薄板的夹持。由于采用了电磁力夹持，压板可以做成多种工件，而且可对有侧壁的工件进行加工。折弯机可以通过更换折弯机模具，从而满足各种工件的需求。

安全操作规程如下：

（1）启动前须认真检查电动机、开关、线路和接地是否正常和牢固，检查设备各操作部位、按钮是否处在正确位置。

（2）检查上下模的重合度和坚固性；检查各定位装置是否符合被加工的要求。

（3）设备启动后空运转 1~2 min，上滑板满行程运动 2~3 次，如发现有不正常声音或有故障时应立即停车，将故障排除，一切正常后方可工作。

（4）工作时应由 1 人统一指挥，使操作人员与送料压制人员密切配合，确保配合人员均在安全位置方可发出折弯信号。

（5）调板料压模时必须切断电源，停止运转后进行。

（6）禁止折超厚的铁板或淬过火的钢板、高级合金钢、方钢和超过板料折弯机性能的板料，以免损坏机床。

（7）经常检查上、下模具的重合度；压力表的指示是否符合规定。

（8）结束时，先退出控制系统程序，后切断电源。

手动折弯机如图 1-39 所示，由于力量较小，一般用来折较薄的板料。折弯时，折弯板料上的纹路应与折弯机刀口呈 90°，选择好与图纸对应圆弧大小的刀口，板料上画好切线与准线，将圆形绞盘转动，抬起刀口，对齐准线，压紧板料，然后手动抬起折弯板折到指定角度，由于防止回弹，折弯时需要多折弯一点。

图 1-38　液压折弯机

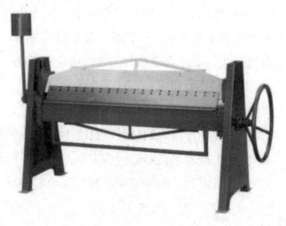

图 1-39　手动折弯机

（三）气源

气源是给气动工具提供动力的源泉，飞机上使用很多。在拆卸时需要注意：

（1）在断开气源接头时，要先关闭气源阀门（顺时针旋转）。

（2）确定气源阀门关闭后，将连接气管另一端的气动工具（如气钻、风磨、砂纸机等）处于使用状态，将管路中的气体放掉。

（3）确定气源放掉后，将接头断开。

四、航空工具、量具的保管与使用

（一）工具的保管规定

工具管理

工具和量具保管与使用的主要目的是要保证维修工作中的工具和量具设备处于良好的可用状态及可追溯性。良好可用状态是指直接用于维修工作的工具必须要能正常使用，量具必须在有效的校验日期且工作正常。可追溯性是指工具和量具从购进入库、领用、借用、送检、报废等各过程环节，都必须通过各类台账或清单随时监控到工具量具设备所处的位置、使用情况等。正确地使用、保管各类工具量具，能够确保维修质量、提高工作效率、保证飞行安全和人员安全。

1. 做标记

所有的工具和量具都要做上明显的标记，以免维修部门之间的工具和量具相混。

2. 建清单

工具和量具应专人管理，建立分类保管制度。所有工具和量具应登记设立清单。工具和量具有所增减变动时，应在清单上及时登记注明。未经登记的工具和量具，严禁在飞机上使用。

3. 分别管理

常用与不常用的工具和量具，要分开并指定专人保管；不常用、待检或报废的工具量具应存放在单独区域，并做明显标识。工具和量具在使用过程中，应严格履行借用手续。

4. 勤清点

工具和量具在使用过程中，要坚持三清点，即开始工作前要清点，工作场所转移前后要清点，工作结束后要清点。

5. 不乱放

要坚持"三个不放"。不随地乱放，不随意将工具和量具放在飞机上、发动机上或短舱内，不随便把工具和量具放在衣袋或带出工作场所。

6. 严防丢失

发现工具和量具丢失，要及时报告、认真查找。当不能确认工具和量具是否丢失在飞机上时，禁止飞机放行。

7. 不乱用

工具和量具应按用途使用，不得随意互相代用。可参照工具和量具生产厂家的产品使用说明书中的要求施工。

8. 不抛掷

工具和量具使用中不得抛掷或随意敲打，预防损坏，避免减少工具和量具的使用寿命。

9. 防止损坏

量具在使用时不要用力过猛、过大。使用完毕后应即时放置在专用的存储盒内。

10. 常擦拭

工作结束或风沙雨雪之后，应将工具量具擦拭干净。

11. 防锈蚀

要适时对工具和量具涂油保养。

12. 定期检查

定期检查量具上的校验标签是否在有效的日期范围内。量具须进行定期校验，确保精确度。不常用的工具和量具，要定期进行涂油保养和检查，防止锈蚀和丢失。

（二）工具清点规定

（1）工具的清点应由两人同时进行，并对照工具清单进行。

（2）转移工作场地、工作部位或从一架飞机到另一架飞机工作前必须清点工具。

（3）在发动机、油箱、座舱或重大部位工作前后，修理封闭的蒙皮前必须清点工具。

（4）相互借用工具，必须在借用登记本上签字，一般应于当日归还。

（5）丢失了工具、用具、抹布，应立即报中队、大队领导，立即组织查找。如未找到，经判明确实不在飞机上，报上级装备机关，经批准同意后，飞机方可飞行。

（三）实训工具、量具的管理规范

（1）每次实训前应按照工具清单清点工具，并在工具检查单上签字，检查工作场地是否规范。

（2）在实训过程中，工具应当在桌面上摆放整齐，工具、量具不得混放或交叉放置，量具不得直接放置于工作台上，应放置在专用盒内或盒子表面。

（3）在实训过程中，频繁使用的工具、量具应整齐地放置于桌面，偶尔使用的工具使用完成后应及时收起，放置于抽屉内。

（4）实训中途离开工位，应将桌面工具清点并放置整齐。

（5）实训结束后，应先清洁工具、量具，然后按照工具清单清点工具，并将工具整齐地放回原处，在工具检查单上签字（表1-3），再用毛刷打扫桌面及虎钳的卫生。

（6）发现工具、量具与清单不符、损坏或缺失时，应立即报告实训教师。

表 1-3　飞机修理技术实训工具清点卡

日期	开工清点		完工清点	
	清点时间	清点人	清点时间	清点人
实训结束时，组长复查工具清点情况			组长	

（四）量具的维护保养

正确地使用精密量具是保证产品质量的重要条件之一。要保持量具的精度和它工作的可靠性，除在使用中要按照合理的使用方法进行操作外，还必须做好量具的维护和保养工作。

（1）在机床上测量零件时，要等零件完全停稳后进行，否则会使量具的测量面过早磨损而失去精度，易造成事故。

（2）测量前应把量具的测量面和零件的被测量表面擦拭干净，以免因有脏物存在而影响测量精度。用精密量具（如游标卡尺、百分尺和百分表等）去测量锻铸件毛坯或带有研磨剂（如金刚砂等）的表面是错误的，这样易使测量面很快磨损而失去精度。

（3）量具在使用过程中，不要和工具、刀具（如锉刀、榔头和钻头等）堆放在一起，以免碰伤量具，也不要随便放在桌面上，尤其是游标卡尺等，应平放在专用盒子里，以免尺身变形。

（4）量具是测量工具，绝对不能作为其他工具的代用品。

（5）温度对测量结果影响很大，零件的精密测量一定要使零件和量具都在 20 ℃的情况下进行测量。一般可在室温下进行测量，但必须使工件与量具的温度一致，否则，由于金属材料热胀冷缩的特性，使测量结果不准确，也不可把量具放在热源附近。

（6）发现精密量具有不正常现象时，如量具表面不平、有毛刺、有锈斑，以及刻度不准、尺身弯曲变形、活动不灵活等，使用者不应自行拆修，更不允许自行用榔头敲、锉刀锉、砂布打光等粗糙办法修理，以免增大量具误差。发现上述情况，使用者应当主动送计量站检修，并经检定量具精度后再继续使用。

（7）量具使用后，应及时擦干净，除不锈钢量具或有保护镀层者外，其他量具金属表面应涂上一层防锈油，放在专用的盒子里，保存在干燥的地方，以免生锈。

【学习任务】

1. 查阅相关资料，描述气钻的使用方法。

2. 查阅相关资料，说明穿心夹的种类。

3. 工具的清点规定包括的内容有（　　　）。

A. 工具的清点应由两人同时进行，并对照工具清单进行

B. 转移工作场地、工作部位或从一架飞机到另一架飞机工作前必须清点工具

C. 在发动机、油箱、座舱或重大部位工作前后，修理封闭的蒙皮前必须清点工具

D. 相互借用工具，必须在借用登记本上签字，一般应于当日归还

4. 钢直尺用于测量零件的长度尺寸，能否精确测量，为什么？

5. 飞机金属结构修理工作中，铆卡的用途是什么？

6. 工具和量具保管与使用的主要目的是保证维修工作中的工具和量具设备处于（　　　　）及（　　　　）。

【总结与提高】

一、主要知识点回顾

1.铆枪的使用注意事项有哪些?

2.半径样板的用途是什么?

3.实训工具、量具的管理规范有哪些?

4.发现精密量具有不正常现象时,应如何处理?

二、总结思考

1.通过本次学习,我学到的知识点/技能点(工具的名称、用法):

实训操作中所遇到的问题(工具的使用规范):

解决方案：

2.自身认为在以下方面还需要深入学习并提升岗位能力，可将自己的评价分数（百分制）标在图 1-40 中。

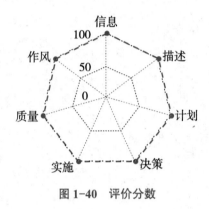

图 1-40　评价分数

三、他山之石

其他成员评语：

教师评语：

"全国民航五一劳动奖章"获得者史勇——敬畏规章，机务无小事

史勇曾荣获"全国民航五一劳动奖章""北京市春运工作保障先进个人"、东航工程技术公司"先进个人"、首都机场"除冰雪保障优秀个人"、东航北京"服务标兵""2008北京奥运会（残奥会）服务保障先进个人、"抗击风雪先进个人"等荣誉称号。

"机务无小事，责任重大，是机务人的使命。"这是史勇对机务工作最朴实的坦言。做好飞机航前、航后或短停检查，是每一位机务放行人员最基本且十分重要的基础工作，他说："日常工作中，销子（起落架安全销）、堵头（空速管套）、静压板、发动机滑油箱盖是现场检查中经常容易发生问题和检查的重点。"一旦因检查不到位或检查中疏忽，都可能造成发动机漏油、起落架无法收起、发动机空中停车等严重后果。为此，在检查中，他养成了总是手持检查单，一项一项地按步骤、程序细致检查的良好习惯，有时，即使是已检查过的环节，他也会反复多次再检查。他说，从事机务工作年头多了，胆子也越来越小了，这种强迫症成了他的职业习惯。由于他是东航北京资深机务放行人员，长年的专业工作，也使他与机组人员建立了良好关系。机组人员都十分信任他，曾这样评价：在北京像他这样的机务维修人员没几个，无论在国内、国外，他的检查流程总是一致的。

史勇就是这样一位对自己高标准、严要求，工作作风扎实、严谨，为人真诚，自强不息，淡泊名利，具有高度责任感和使命感的民航机务人。他就像一面旗帜，吸引、感染、带动着东航北京维修队伍快速成长，他早已成为大家心中的学习典范。

飞机蒙皮损伤修理

【模块解析】

飞机蒙皮是飞机结构中非常重要的组成部分，是包围在机翼骨架外维持外形的构件，用粘接剂或铆钉固定于骨架上，形成机翼的气动力外形。蒙皮除形成和维持机翼的气动外形之外，还能够承受局部气动力。早期低速飞机的蒙皮是布质的，而如今，飞机的蒙皮多是用硬铝板制成的金属蒙皮。

在日常航线维护中，经常会在蒙皮上发现各种各样的结构损伤，蒙皮的损伤会破坏飞机的良好气动性能，使损伤部位的蒙皮强度降低，承载力量下降，危及飞行安全。正确的评估损伤和修理对缩短飞机停场时间、降低航班压力有重大意义。

本模块主要介绍飞机蒙皮常见损伤的一般处理方法。在飞机蒙皮损伤修理过程中，修理工作者必须培养精益求精的维护作风，确保修理质量符合适航规定。

项目三　飞机蒙皮破孔托底平补法修理

【任务描述】

工作任务	飞机蒙皮破孔托底平补法修理	教学模式	任务驱动和行动导向
建议学时	4学时	教学地点	一体化教室
任务描述	某型飞机蒙皮破孔位于机身34框第15与16构件之间，形状为不规则形，破孔的最大长宽为94 mm×90 mm，此处蒙皮的厚度为1.2 mm，蒙皮材料为LY10铝合金。该处蒙皮损伤可采用托底平补法进行修理。 飞机蒙皮破孔，首先要测量破孔的大小，是否超过手册的容限。在容限范围内的就按手册要求处理，通常采用托底平补法修理。此法首先是将损失部位切割整齐，然后用补片填补切割孔，用衬片托底，通过衬片将补片和蒙皮连成一体，如图2-1所示		

任务描述		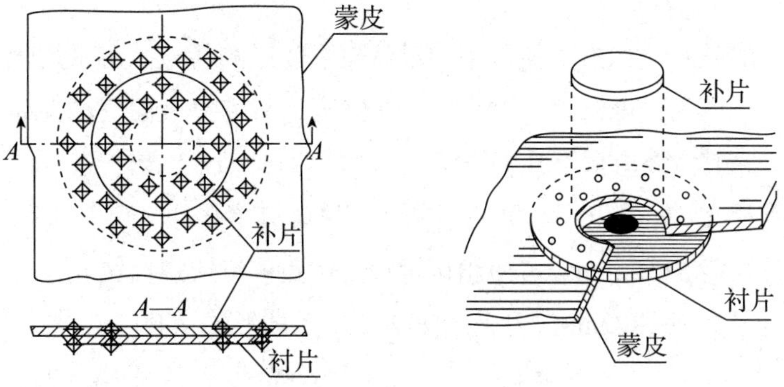 图 2-1 托底平补法	
学习目标	知识目标	1. 熟悉航空维修规章与制度、人员在维修工作区的行为规范； 2. 熟悉并能正确选择、使用托底平补法修理的工具设备； 3. 掌握工程识图、航空机械基础知识； 4. 具有安全生产意识，掌握对地面事故的预防措施； 5. 掌握托底平补法修理方案的拟订； 6. 熟悉托底平补法修理规程及规范，严格遵守操作规范； 7. 掌握托底平补法修理的完工检查标准； 8. 熟悉技术资料的查阅方法	
	能力目标	1. 能遵循人员在维修工作区的行为规范； 2. 能识别工程图纸，熟练地运用各种航空工具和设备； 3. 具有从事飞机钳工、钣金、铆接的专业知识和能力； 4. 具备典型飞机结构的知识，具有分析、判断飞机蒙皮破孔损坏程度及修理的能力； 5. 具有技术资料的查阅和应用能力，能阅读托底平补法中所涉及的各类技术手册、图册、工作单卡； 6. 具有整合知识和综合运用知识分析问题和解决问题的能力； 7. 能做好工作现场的"6S"以及持续改善； 8. 能按计划实施操作，具备航空安全与事故防范能力	
	素质目标	1. 具有爱岗敬业、诚实守信、遵章守纪的良好职业道德； 2. 具备严谨规范、精益求精、吃苦耐劳的优良品质； 3. 具备团队协作、人际沟通的社会交往能力； 4. 具备从事本专业工作的安全防护、安全文明生产和环境保护等意识； 5. 具备"极其负责、精心维修"的职业素养	
重难点	重点	飞机蒙皮破洞托底平补法的实施流程	
	难点	飞机蒙皮破洞托底平补法的修理质量	

【理论基础】

蒙皮上的破孔，如果直径较小，对蒙皮强度影响甚微，可采用无强度修理。所谓无强度修理，就是不考虑强度，只恢复表面气动性能的修理方法。其主要有以下几种方法：

飞机蒙皮破损托底平补法修理

破孔直径在 5 mm 以下，可使用铆钉、拉铆钉堵孔；

破孔直径为 5~16 mm，可使用拉铆钉、堵盖铆钉或螺栓堵孔；

破孔直径为 16~30 mm，可采用图 2-2 所示的形式堵孔。

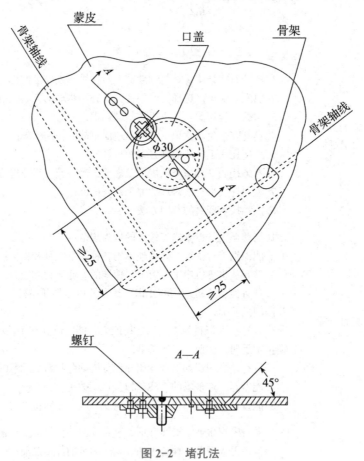

图 2-2　堵孔法

以上修理方法的使用条件及使用限制，因不同的飞机、不同的部位而异，应用时要注意参照飞机修理手册或其他相关技术文件。蒙皮破孔直径超过 30 mm，一般应采用托底平补法进行修理。

托底平补法的施工步骤如下。

一、确定切割范围

根据蒙皮的损坏情况确定切割范围，是修理蒙皮破孔的第一步，它关系到其他步骤的施工。因此要注意到：

（1）切割线一般应超过损伤范围 5 mm。

（2）为了便于制作补片和衬片，需将蒙皮损伤处切割成规则的形状，如圆形、长圆形、矩形等，如图 2-3 所示。矩形孔的圆角半径 R 应符合表 2-1 要求。

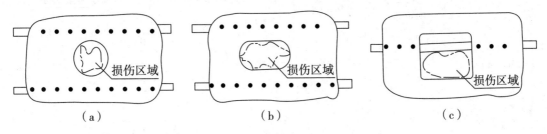

图 2-3　切割孔的形状

（a）圆形；（b）长圆形；（c）矩形

表 2-1　矩形孔的圆角半径 mm

矩形孔的短边 S	矩形孔的圆角半径 R
≤ 150	10
> 150	15

（3）切割线的直线部分应与构架（梁、桁、肋、框）相平行，并与构架保持一定距离，以便铆接衬片。

（4）由于机翼蒙皮上的正应力比剪应力大得多，在机翼蒙皮上开长圆孔或矩形孔时，应尽量使长轴或长边平行于桁条，以减小垂直于正应力方向的切口长度。

（5）切割线应尽可能避开铆钉。

二、切割损伤部位

根据确定的切割形状和损伤部位的结构情况，选择相应的切割工具切割损伤部位。切割工具主要有专用割刀、铣刀等。图 2-4 和图 2-5 所示分别为几种手动和气动切割工具。若没有切割工具，可采用连续钻孔法切割。切割时，既要保证切割孔的形状和尺寸，又要防止损伤内部构架和机件。

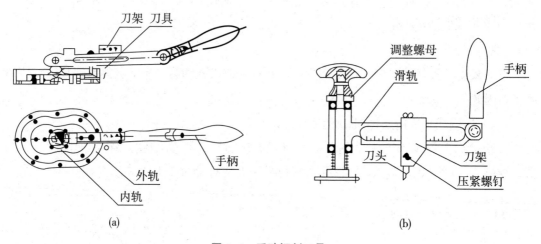

图 2-4 手动切割工具

（a）长圆孔割刀；（b）圆孔割刀

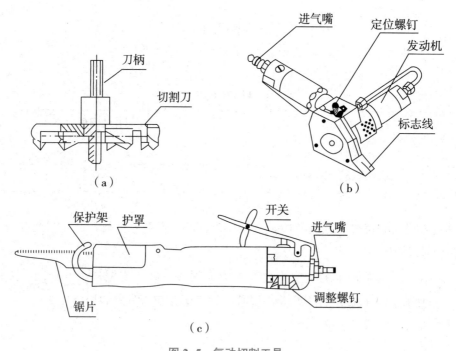

图 2-5 气动切割工具

（a）挖孔刀；（b）气动圆盘锯；（c）气动往复锯

三、制作补片和衬片

补片是用与蒙皮材料相同、厚度相等的铝板制作的。补片的大小和形状与切割孔相同，两者对缝间隙应符合飞机修理质量要求。修理经验表明，制作补片时，务必注意做到"三要"，才能保证制作准确、迅速。一要以孔为基准锉修补片，避免补片与孔同时锉修；二要做好标记，便于补片与孔对缝；三要有次序地由一个方向边锉边对，防止急躁，要少锉勤对。

衬片的材料与蒙皮相同，衬片的厚度等于或略大于蒙皮的厚度。衬片的大小取决于破孔的直径和衬片与蒙皮连接的铆钉排数。在受力较小的部位，衬片与蒙皮用两排铆钉连接；在受力过大的部位，衬片与蒙皮用三排铆钉连接。衬片大小的计算公式为

$$l = l_1 + 4c + 2(m-1)a$$

式中　l——衬片的直径（mm）；

　　　l_1——破孔的直径（mm）；

　　　c——边距（mm）；

　　　a——排距（mm）；

　　　m——铆钉排数（排）。

四、钻孔制接

铆接时，先铆衬片，后铆补片。铆接前，需根据切割孔的形状和大小，合理地布置铆钉。对于圆形孔或长圆形孔，按每排的圆周长均匀布置；对于矩形孔，首先在四角处确定4个铆钉，然后在2个铆钉间均匀地排列铆钉。铆钉为两排时，应尽可能采用交错排列。

【任务分析与决策】

一、引导问题

1. 查阅相关资料，描述飞机蒙皮的功用。

2. 查阅相关资料，说明飞机蒙皮损伤容限的规定。

3. 维修人员进入工作区，必须遵守的安全规定有（　　　）。

　A. 必须佩戴与工作或通行区域相符的有效证件

　B. 证件不得涂改和转让他人

　C. 发现证件丢失立即报告

　D. 无关人员不得在工作现场逗留

4.描述如何确定飞机蒙皮破孔的切割范围。

5.采用托底平补法制造补片时，有哪些注意事项？

6.采用托底平补法修理时，开展铆接工作，先铆（　　），后铆（　　）。

二、计划与决策

1.查询手册，填写本任务工序卡（表2-2）。

表2-2　托底平补法实施的工序卡

序号	区域	工作步骤	工具/设备	时间
签字		校对	审核	
日期				

2.查询手册，填写本任务设备、工具清单（表2-3）。

表2-3 托底平补法实施需要的设备、工具清单

序号	名称	型号	数量	用途	备注
1					
2					
3					
4					
5					
6					
7					
8					
9					

3.判断。

采用托底平补法修理时，铆钉为两排时，应尽可能采用并列排列。（　　　）

理由：

4.评估决策要素（表2-4）。

表2-4 决策要素

序号	决策点	决策结果	
1	工序是否完整、科学	是〇	否〇
2	是否遵守飞机蒙皮损伤容限的规定	是〇	否〇
3	是否遵守人员进入工作区的规定	是〇	否〇
4	是否遵守修理现场的规则制度	是〇	否〇
5	是否做好工具"三清点"工作	是〇	否〇
6	是否熟悉在紧急情况下的自救方法	是〇	否〇
7	是否遵守托底平补法的操作规范	是〇	否〇
8	劳动保护是否达到要求	是〇	否〇
9	是否征求了教师的意见	是〇	否〇

5.与教师制订的工作方案对比，进行决策分析。

【任务实施】

飞机蒙皮破孔托底平补法修理工单见表2-5。

表2-5　飞机蒙皮破孔托底平补法修理工单

工卡标题		飞机蒙皮破孔托底平补法修理					
工卡编号		HKJD-XL-301	工作区域		飞机修理一体化实训室		
场所/载体		飞机结构件	学习模块		飞机蒙皮损伤修理		
版次		第2版	工时		4 h		
参考文献		飞机修理手册，飞机结构检修教材					
编写/修订			审核			批准	
工具/设备/材料（1个小组1个工具柜，2个工具盒）							
类别	名称	规格	单位	数量	工作者		检查者
工具	榔头	中号	把	2			
	锯弓		把	2			
	铆枪	14×17	把	2			
	直顶铁		个	1			
	平顶铁		个	1			
	拉铆枪		把	1			
	气钻		把	1			
	锪窝钻		个	2			
	限位器		个	1			
	去毛刺工具		个	1			
	橡胶垫		块	1			
	橡胶条		条	1			
	麻花钻	$\phi4.0$	支				
	麻花钻	$\phi3.8$	支				

类别	名称	规格	单位	数量	工作者	检查者
工具	麻花钻	$\phi2.5$	支			
	平头铆卡		个	1		
	半圆头铆卡		个	1		
	弓形夹		个			
	穿心夹		个			
	样冲		支	1		
	销冲		支	1		
	划规		支	1		
	开口扳手	17×19	把	1		
	梅花扳手	17×19	把	1		
	铅笔		支	1		
量具	钢直尺	0~300 mm	把	1		
	墩头检查工具		把	1		
设备	裁剪机	大型	台	1		
	滚弯机	中型	台	1		
	台钻	小型	台	1		
耗材	铝板		张			
	沉头铆钉		颗			

一、工作任务	工作者	检查者
假定蒙皮破孔损伤，切割整形，用托底平补修理法修复		

二、工作准备	工作者	检查者
1. 技术资料：手册、飞机结构检修教材		
2. 工作场地：清扫、布置		
3. 工具、设备：领取、清点、检查、保养		
4. 劳动保护：领取、检查、使用		

三、工作步骤		工作者	检查者
工序	内容描述		
1	查阅波音737-300飞机SRM手册，在手册内查找机身蒙皮的材料、规格及损伤修理相关内容		
2	在教师的引导下，明确修理位置，确定切割范围		
3	对修理部位，切割整形		
4	在纸上计算衬片和补片的尺寸，进行铆钉布置［推荐铆距（3~8）d，排距（2.5~3.5）d，边距（2~4）d；要求交错排列，铆钉数量不少于20个］		
5	下料，制作衬片和补片（衬片$\delta = 1.5$ mm，补片$\delta = 1.5$ mm各一块），要求勤对少锉		
6	按计算的铆距、排距、边距，用铅笔在蒙皮上画线布置铆钉		
7	衬片与原蒙皮一起钻孔		
8	选择铆钉型号，铆接衬片		
9	检查衬片铆接质量		
10	补片与衬片一起钻孔		
11	补片制作埋头窝，深度符合要求		
12	铆接补片		
13	检查铆接质量		
14	清点工具，清洁工作场所，不准遗留外来物		
四、工作结束		工作者	检查者
1. 清点工具和量具，进行维护后摆放规范整齐			
2. 清扫工作现场，保持工位文明整洁，符合"6S"规范			
3. 报告指导教师，上交工卡和作品			

【任务考核】

1. 质量考核

飞机蒙皮托底平补法修理的质量考核标准见表2-6。

表 2-6　飞机蒙皮托底平补法修理的质量考核标准

实作	适用课程	考核单号	修订日期		
考核单	飞机金属结构修理	考核单号	修订日期		

姓名		班级	教师	得分	
学号		日期		总分	

序号	工序		评分标准	分值	扣分
1	准备工作	工具	工具齐全并摆放整齐	4	
		耗材	正确使用并减少浪费	4	
		劳保	正确佩戴护目镜、耳塞，穿实训服、劳保鞋	4	
		场地	实训前后确保工作台及地面整洁	4	
2	确定切割范围		a.切割线一般应超过损伤范围 5 mm	4	
			b.补片和衬片的圆角半径 R=10 mm/15 mm（若矩形孔的短边 $S>150$ mm，则矩形孔的圆角半径 R=15 mm；反之 R=10 mm）	2	
			c.切割线的直线部分应与构架（梁、桁、肋、框）相平行，并与构架保持一定距离，以便铆接衬片	2	
			d.由于机翼蒙皮上的正应力比剪应力大得多，在机翼蒙皮上开长圆孔或矩形孔时，应尽量使长轴或长边平行于桁条，以减小垂直于正应力方向的切口长度	4	
			e.切割线应尽可能避开铆钉	2	
	切割损伤部位		a.选择相应的切割工具切割损伤部位（切割工具主要有专用割刀、铣刀等手动和气动切割工具）。若没有切割工具，可采用连续钻孔法切割	4	
			b.保证切割孔的形状	2	
			c.保证切割孔的尺寸	2	
			d.防止损伤内部构架和机件	2	
	制作补片和衬片		a.补片用与蒙皮材料相同的铝板	2	
			b.补片是与蒙皮厚度相等的铝板	2	
			c.补片的大小与切割孔相同	2	
			d.补片的形状与切割孔相同	2	
			e.补片与切割孔，两者对缝间隙应符合飞机修理质量要求	2	
			f.要以孔为基准锉修补片，避免补片与孔同时锉修	2	
			g.要做好标记，便于补片与孔对缝	2	

序号	工序	评分标准	分值	扣分
2	制作补片和衬片	h. 要有次序地由一个方向边锉边对，防止急躁，要少锉勤对	2	
		i. 衬片的材料与蒙皮相同	2	
		j. 衬片的厚度等于或略大于蒙皮的厚度	2	
		k. 衬片与蒙皮用两排/三排铆钉连接（在受力较小的部位，衬片与蒙皮用两排铆钉连接；在受力过大的部位，衬片与蒙皮用三排铆钉连接）	2	
		l. 衬片的大小取决于破孔的直径和衬片与蒙皮连接的铆钉排数。衬片大小的计算公式为 $$l = l_1 + 4c + 2(m-1)a$$ 式中 l——衬片的直径（mm）； l_1——破孔的直径（mm）； c——边距（mm）； a——排距（mm）； m——铆钉排数（排）	4	
	钻孔铆接	a. 铆接前，需根据切割孔的形状和大小，合理地布置铆钉 边距计算：$c=2d$ 铆距计算：$t=d(1+1.8m)$ 排距计算：$a=c+d/2$	4	
		b. 对于矩形孔，首先在四角处确定 4 个铆钉，然后在 2 个铆钉间均匀地排列铆钉	2	
3	注意事项	a. 损伤部位切割整齐	4	
		b. 补片用与蒙皮材料相同、厚度相等的铝板制作	4	
		c. 铆接时，先铆衬片，后铆补片	4	
		d. 铆钉为 2 排时，采用交错排列	4	
4	最终作品评价	a. 作品外观有损伤痕迹，1 处扣 1 分	4	
		b. 尺寸、间隙不符合规定，1 处扣 1 分	4	
		c. 铆接等工艺技术不符合规定，1 处扣 2 分	4	
注：扣分在相应扣分点记负分（每处记一次）			总分	

2. 素养考核

飞机蒙皮托底平补法修理的素养考核标准见表 2-7。

表 2-7　飞机蒙皮托底平补法修理的素养考核标准

考核内容	考核指标	每项总分	备注
考勤	1. 无故迟到、早退 1 次扣 1 分	10	
	2. 无故缺勤 1 次扣 10 分，迟到、早退 5 次结算 1 次缺勤		
着装	1. 不符合行业要求着装，违者 1 次扣 1 分	10	
	2. 不正确穿戴好衣物等，例：不把工装上衣拉好等，违者 1 次扣 1 分		
作风养成	1. 实训场地严禁嬉戏打闹等不严肃行为，违者 1 次扣 1 分	30	
	2. 实训场地不得吸烟，违者 1 次扣 1 分		
	3. 保持现场的整洁，实训完毕做好卫生工作，违者 1 次扣 1 分		
	4. 实训场地应听从教师安排，违者 1 次扣 1 分		
工具、量具使用保管	1. 工具、量具使用完后随意摆放，不按规定摆放，违者 1 次扣 1 分	20	
	2. 不得将量具作为画线工具使用，违者 1 次扣 1 分		
	3. 使用测量工具时，不得使用过大的测量力，违者 1 次扣 1 分		
	4. 不得自行拆卸工具、量具，违者 1 次扣 1 分		
	5. 不得将量具强行推入工件中使用，违者 1 次扣 1 分		
	6. 在使用特殊量具时，应遵照一定的方法和步骤使用，违者 1 次扣 1 分		
	7. 不得任意敲击、乱扔工具、量具，违者 1 次扣 1 分		
安全	1. 钻孔、锪窝时需正确佩戴护目镜、耳塞，违者 1 次扣 2 分	30	
	2. 使用气钻时，不得穿着宽松衣服、围巾、领带，不得佩戴项链、首饰、手套等，女生不得披头散发，违者 1 次扣 2 分		
	3. 铆卡安装时必须装牢保险弹簧，违者 1 次扣 2 分		
	4. 试枪时务必注意安全，切忌对准人和空打，违者 1 次扣 2 分		
	5. 切勿将任何操作工具指向自己或他人，违者 1 次扣 2 分		
	6. 他人在操作时，不得上前干扰，违者 1 次扣 2 分		
	7. 不得使用量具测量转动中的钻头，违者 1 次扣 2 分		

【总结与提高】

一、主要知识点回顾

1. 对损伤的飞机蒙皮进行修理，需要遵守哪些修理准则？

2.采用托底平补法修理飞机蒙皮破孔,补片的材料和厚度有哪些要求?

3.记录工作区域"6S"的要求。

4.描述采用托底平补法修理飞机蒙皮破孔的步骤。

二、总结思考
1.通过本次学习,我学到的知识点/技能点(如切割破损区域):

实训操作中所遇到的问题(如确定切割范围不精确):

解决方案:

2.自身认为在以下方面还需要深入学习并提升岗位能力，可将自己的评价分数（百分制）标在图2-6中。

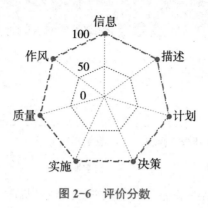

图2-6　评价分数

三、他山之石

其他成员评语：

教师评语：

项目四　飞机蒙皮破孔外贴盖板法修理

工作任务	飞机蒙皮破孔外贴盖板法修理	教学模式	任务驱动和行动导向
建议学时	4 学时	教学地点	一体化教室
任务描述		某飞机在进行航后工作时，由于配餐车过于靠近飞机导致车厢上升时撞伤机身蒙皮，损伤距离后登机门后缘约 1.64 m，位于由 FR91、FR92、STR12R 和 STR13R 构成的 BAY 中。撞击在机身蒙皮上形成了一个大约 155 mm×75 mm×5.18 mm 的凹坑，凹坑内部又包含若干沟槽，其中最深处的达到 5.18 mm。按照手册要求需要切除所有的损伤区域，修理所用的补片会相当大。考虑到损伤区域的机身外轮廓弧度较大，若补片面积增大，则需要对补片进行卷曲以贴合机身外轮廓，这样就加大了施工的难度从而导致飞机停场时间延长。通过与厂家协商，决定只切除凹坑中深度大于 3.2 mm 的蒙皮，使用外贴盖板法进行修理。 　　如果不是气动性能要求高的部位，不易施工处可采用外贴盖板法修理破孔。其方法是将破孔修整圆滑后，在外侧贴补一块与蒙皮同材料的盖板。盖板上边缘需要制出一定的倒角（图 2-7） 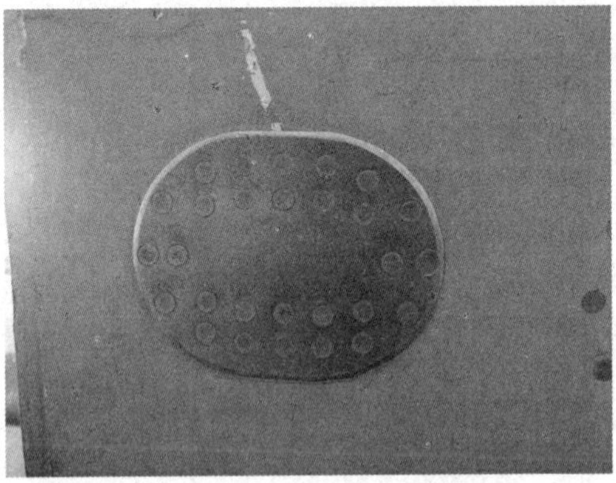 图 2-7　外贴盖板法		
学习目标	知识目标	1. 熟悉航空维修规章与制度、人员在维修工作区的行为规范； 2. 熟悉并能正确选择、使用外贴盖板法修理的工具、设备； 3. 掌握工程识图、航空机械基础知识； 4. 具有安全生产意识，掌握对地面事故的预防措施； 5. 掌握外贴盖板法修理方案的拟订； 6. 熟悉外贴盖板法修理规程及规范，严格遵守操作规范； 7. 掌握外贴盖板法修理的完工检查标准； 8. 熟悉技术资料的查阅方法	

学习目标	能力目标	1. 能遵循人员在维修工作区的行为规范； 2. 能识别工程图纸，熟练地运用各种航空工具和设备； 3. 具有从事飞机钳工、钣金、铆接的专业知识和能力； 4. 具备典型飞机结构的知识，具有分析、判断飞机蒙皮破孔损坏程度及修理的能力； 5. 具有技术资料的查阅和应用能力，能阅读外贴盖板法中所涉及的各类技术手册、图册、工作单卡； 6. 具有整合知识和综合运用知识分析问题和解决问题的能力； 7. 能做好工作现场的"6S"以及持续改善； 8. 能按计划实施操作，具备航空安全与事故防范能力	
	素质目标	1. 具有爱岗敬业、诚实守信、遵章守纪的良好职业道德； 2. 具备严谨规范、精益求精、吃苦耐劳的优良品质； 3. 具备团队协作、人际沟通的社会交往能力； 4. 具备从事本专业工作的安全防护、安全文明生产和环境保护等意识； 5. 具备"极其负责、精心维修"的职业素养	
重难点	重点	飞机蒙皮破孔外贴盖板法的实施流程	
	难点	飞机蒙皮破孔外贴盖板法的修理质量	

【理论基础】

外贴盖板法的施工步骤如下。

飞机蒙皮破损外贴
盖板法修理

一、确定切割范围

根据蒙皮的损坏情况确定切割范围，是修理蒙皮破孔的第一步，它关系到其他步骤的施工。因此要注意到：

（1）切割线一般应超过损伤范围 5 mm。

（2）为了便于制作盖板，需将蒙皮损伤处切割成规则的形状，如圆形、长圆形、矩形等。

（3）切割线的直线部分应与构架（即梁、桁、肋、框）相平行，并与构架保持一定距离，以便铆接衬片。

（4）由于机翼蒙皮上的正应力比剪应力大得多，在机翼蒙皮上开长圆孔或矩形孔时，应尽量使长轴或长边平行于桁条，以减小垂直于正应力方向的切口长度。

（5）切割线应尽可能避开铆钉。

二、切割损伤部位

根据确定的切割形状和损伤部位的结构情况，选择相应的切割工具切割损伤部位。切割时，既要保证切割孔的形状和尺寸，又要防止损伤内部构架和机件（图 2-8）。

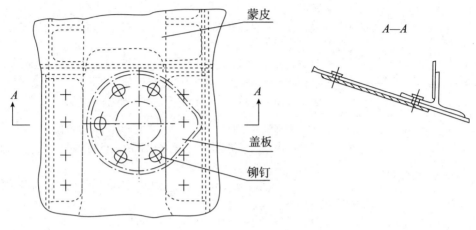

图 2-8　切割区域防止损伤构架

三、制作盖板

1. 蒙皮修理的材料

通常，对于薄板蒙皮修理，外贴盖板比现有的蒙皮厚度厚 1~2 个规格。

内部修理加强板（齐平）比现有的蒙皮厚度厚 1 个规格。影响加强板厚度的因素是紧固件埋头深度和材料类型。修理蒙皮时用同样的材料和热处理制作加强板。

对于特殊的情况参见适用的 SRM 手册获得详细资料。

当铝制外贴盖板不能用时，由防锈钢（CRES）作为外贴盖板在一件对应的基本案例中可以获得批准。使用防锈钢加强板来修理铝结构时，必须使用不同材料腐蚀保护。CRES 加强板允许在特定区域使用，如门开口处的外部修理。

2. 齐平修理

注意内部加强板位于框和桁条下面。使用锥形薄垫片来消除框和桁条下面的加强板附近的蒙皮间隙是必要的。由于修理包含了在撕裂带处的损伤，加强板与填片一起安装（如 SRM 手册 53-30-3 章说明）。

3. 盖板制作

制作盖板时，务必注意做到"三要"，才能保证制作准确、迅速。一要以孔为基准锉修盖板，避免补片与孔同时锉修；二要做好标记，便于盖板与孔对缝；三要有次序地由一个方向边锉边对，防止急躁，要少锉勤对。外贴盖板的上边缘一定要制出倒角（图 2-9）。

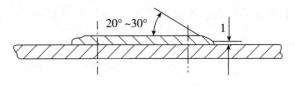

图 2-9　盖板的边缘倒角

四、钻孔制接

铆接前，需根据切割孔的形状和大小，合理地布置铆钉。对于圆形孔或长圆形孔，按每排的圆周长均匀布置；对于矩形孔，首先在四角处确定 4 个铆钉，然后在 2 个铆钉间均匀地排列铆钉。铆钉为两排时，应尽可能采用交错排列。无法使用普通铆接时，可使用强度较高的单面特种铆钉铆接。

【任务分析与决策】

一、引导问题

1. 查阅相关资料，描述蒙皮损伤使用外贴盖板法修理的原因。

2. 查阅相关资料，说明飞机修理方案涉及哪些元素。

3. 下列哪些情况时维修人员必须佩戴护目镜？（　　　）

  A. 进行铆接、錾凿、打孔、冲压，以及用软金属工具进行敲击等工作

  B. 进行弯曲、成型、矫直、紧装配，以及用金属制手动工具对设备或材料进行敲击等工作

  C. 当进行切割工作时，不仅直接操作的人员要佩戴防护眼镜，在其周围的工作人员也需佩戴防护眼镜

  D. 当用手动工具进行锯、钻、刮和木工刨割等工作，且工作面齐于或高于头部时

4.描述采用外贴盖板法修理飞机蒙皮破孔时，盖板材料和厚度的规定。

5.采用外贴盖板法修理飞机蒙皮破孔，因空间狭小无法使用普通铆钉时应如何处理？

6.采用外贴盖板法修理确定切割破损区域时，既要保证切割孔的形状和尺寸，又要防止损伤（　　　）和（　　　）。

二、计划与决策

1.查询手册，填写本任务工序卡（表2-8）。

表2-8　外贴盖板法实施的工序卡

序号	区域	工作步骤	工具/设备	时间
签字		校对	审核	
日期				

2.查询手册，填写本任务设备、工具清单（表2-9）。

表 2-9　外贴盖板法实施需要的设备、工具清单

序号	名称	型号	数量	用途	备注
1					
2					
3					
4					
5					
6					
7					
8					
9					

3.判断。

采用外贴盖板法修理，铆钉为两排时，应尽可能采用并列排列。（　　　）

理由：

4.评估决策要素（表2-10）。

表 2-10　决策要素

序号	决策点	决策结果	
1	工序是否完整、科学	是〇	否〇
2	是否遵守飞机蒙皮损伤容限的规定	是〇	否〇
3	是否遵守人员进入工作区的规定	是〇	否〇
4	是否遵守修理现场的规则制度	是〇	否〇
5	是否做好工具"三清点"工作	是〇	否〇
6	是否熟悉在紧急情况下的自救方法	是〇	否〇

序号	决策点	决策结果	
7	是否遵守外贴盖板法的操作规范	是○	否○
8	劳动保护是否达到要求	是○	否○
9	是否征求了教师的意见	是○	否○

5.与教师制订的工作方案对比，进行决策分析。

【任务实施】

飞机蒙皮破孔外贴盖板法修理实训工单见表2-11。

表2-11　飞机蒙皮破孔外贴盖板法修理实训工单

工卡标题	飞机蒙皮破孔外贴盖板法修理		
工卡编号	HKJD-XL-302	工作区域	飞机修理一体化实训室
场所/载体	飞机结构件	学习模块	飞机蒙皮损伤修理
版次	第2版	工时	4 h
参考文献	飞机修理手册，飞机结构检修教材		
编写/修订		审核	批准

工具/设备/材料、（1个小组1个工具柜、2个工具盒）

类别	名称	规格	单位	数量	工作者	检查者
工具	榔头	中号	把	2		
	锯弓		把	2		
	铆枪	14×17	把	2		
	直顶铁		个	1		
	平顶铁		个	1		
	拉铆枪		把	1		
	气钻		把	1		
	锪窝钻		个	2		
	限位器		个	1		

类别	名称	规格	单位	数量	工作者	检查者
工具	去毛刺工具		个	1		
	橡胶垫		块	1		
	橡胶条		条	1		
	麻花钻	$\phi4.0$	支			
	麻花钻	$\phi3.8$	支			
	麻花钻	$\phi2.5$	支			
	平头铆卡		个	1		
	半圆头铆卡		个	1		
	弓形夹		个			
	穿心夹		个			
	样冲		支	1		
	销冲		支	1		
	划规		支	1		
	开口扳手	17×19	把	1		
	梅花扳手	17×19	把	1		
	铅笔		支	1		
量具	钢直尺	0~300 mm	把	1		
	墩头检查工具		把	1		
设备	裁剪机	大型	台	1		
	滚弯机	中型	台	1		
	台钻	小型	台	1		
耗材	铝板		张			
	沉头铆钉		颗			
一、工作任务					工作者	检查者
假定蒙皮破孔损伤，切割整形，用外贴盖板法修理修复						

二、工作准备	工作者	检查者
1. 技术资料：手册、飞机结构检修教材		
2. 工作场地：清扫、布置		
3. 工具、设备：领取、清点、检查、保养		
4. 劳动保护：领取、检查、使用		

三、工作步骤		工作者	检查者
工序	内容描述		
1	查阅波音 737-300 飞机 SRM 手册，在手册内查找机身蒙皮的材料、规格及损伤修理相关内容		
2	在教师的引导下，明确修理位置，确定切割范围		
3	对修理部位，切割整形		
4	在纸上计算盖板尺寸，进行铆钉布置［推荐铆距（3~8）d，排距（2.5~3.5）d，边距（2~4）d；要求交错排列，铆钉数量不少于 20 个］		
5	下料，制作盖板（补片 $\delta = 1.5$ mm 各一块），要求勤对少锉		
6	按计算的铆距、排距、边距，用铅笔在蒙皮上画线布置铆钉		
7	盖板与原蒙皮一起钻孔		
8	选择铆钉型号，铆接衬片		
9	检查盖板铆接质量		
10	盖板与蒙皮一起钻孔		
11	盖板制作埋头窝，深度符合要求		
12	铆接盖板		
13	检查铆接质量		
14	清点工具，清洁工作场所，不准遗留外来物		

四、工作结束	工作者	检查者
1. 清点工具和量具，进行维护后摆放规范整齐		
2. 清扫工作现场，保持工位文明整洁，符合"6S"规范		
3. 报告指导教师，上交工卡和作品		

【任务考核】

1. 质量考核

飞机蒙皮外贴盖板法修理的质量考核标准见表 2-12。

表 2-12　飞机蒙皮外贴盖板法修理的质量考核标准

		实作	适用课程	考核单号	修订日期	
		考核单	飞机金属结构修理			
姓名		班级		教师	得分	
学号		日期			总分	
序号	工序		评分标准		分值	扣分
1	准备工作	工具	工具齐全并摆放整齐		4	
		耗材	正确使用并减少浪费		4	
		劳保	正确佩戴护目镜、耳塞，穿实训服、劳保鞋		4	
		场地	实训前后确保工作台及地面整洁		4	
2	确定切割范围		a. 切割线一般应超过损伤范围 5 mm		4	
			b. 盖板的圆角半径 R=10 mm/15 mm（若矩形孔的短边 S > 150 mm，则矩形孔的圆角半径 R=15 mm；反之 R=10 mm）		4	
			c. 切割线的直线部分应与构架（梁、桁、肋、框）相平行，并与构架保持一定距离，以便铆接衬片		4	
			d. 由于机翼蒙皮上的正应力比剪应力大得多，在机翼蒙皮上开长圆孔或矩形孔时，应尽量使长轴或长边平行于桁条，以减小垂直于正应力方向的切口长度		2	
			e. 切割线应尽可能避开铆钉		4	
	切割损伤部位		a. 选择相应的切割工具切割损伤部位（切割工具主要有专用割刀、铣刀等手动和气动切割工具），若没有切割工具，可采用连续钻孔法切割		2	
			b. 保证切割孔的形状		2	
			c. 保证切割孔的尺寸		2	
			d. 防止损伤内部构架和机件		6	
	制作补片衬片		a. 盖板用与蒙皮材料相同的铝板		2	
			b. 盖板用与蒙皮厚度相等的铝板		2	
			c. 盖板的大小比切割孔大		2	

序号	工序	评分标准	分值	扣分
2	制作补片衬片	a.盖板的形状与切割孔相同	4	
		b.要以孔为基准锉修补片，避免补片与孔同时锉修	2	
		c.要做好标记，便于补片与孔对缝	2	
		c.要有次序地由一个方向边锉边对，防止急躁，要少锉勤对	2	
	钻孔铆接	a.铆接前，需根据切割孔的形状和大小，合理地布置铆钉 边距计算：$c=2d$ 铆距计算：$t=d(1+1.8m)$ 排距计算：$a=c+d/2$	4	
		b.对于矩形孔，首先在四角处确定4个铆钉，然后在2个铆钉间均匀地排列铆钉	2	
			2	
		c.铆钉为两排时，交错排列	2	
3	注意事项	a.不易施工处，气动性能要求不高的部位	4	
		b.盖板的上边缘制出一定的倒角	4	
		c.在外侧贴补一块与蒙皮同材料、等厚度的盖板	4	
		d.铆接时对周边蒙皮的保护	4	
4	最终作品评价	a.作品外观有损伤痕迹，1处扣1分	4	
		b.尺寸、间隙不符合规定，1处扣1分	4	
		c.铆接等工艺技术不符合规定，1处扣2分	4	
注：扣分在相应扣分点记负分（每处记一次）			总分	

2. 素养考核

飞机蒙皮外贴盖板法修理的素养考核标准见表2-13。

表2-13 飞机蒙皮外贴盖板法修理的素养考核标准

考核内容	考核指标	每项总分	备注
考勤	1.无故迟到、早退1次扣1分	10	
	2.无故缺勤1次扣10分，迟到、早退5次结算1次缺勤		
着装	1.不符合行业要求着装，违者1次扣1分	10	
	2.不正确穿戴好衣物等，例：不把工装上衣拉好等。违者1次扣1分		

考核内容	考核指标	每项总分	备注
作风养成	1.实训场地严禁嬉戏打闹等不严肃行为，违者1次扣1分	30	
	2.实训场地不得吸烟，违者1次扣1分		
	3.保持现场的整洁，实训完毕做好卫生工作，违者1次扣1分		
	4.实训场地应听从教师安排，违者1次扣1分		
工具、量具使用保管	1.工具、量具使用完后随意摆放，不按规定摆放，违者1次扣1分	20	
	2.不得将量具作为画线工具使用，违者1次扣1分		
	3.使用测量工具时，不得使用过大的测量力，违者1次扣1分		
	4.不得自行拆卸工具、量具，违者1次扣1分		
	5.不得将量具强行推入工件中使用，违者1次扣1分		
	6.在使用特殊量具时，应遵照一定的方法和步骤来使用，违者1次扣1分		
	7.不得任意敲击、乱扔工具、量具，违者1次扣1分		
安全	1.钻孔、锪窝时需正确佩戴护目镜、耳塞，违者1次扣2分	30	
	2.使用气钻时，不得穿着宽松衣服、围巾、领带，不得佩戴项链、首饰、手套等，女生不得披头散发，违者1次扣2分		
	3.铆卡安装时必须装牢保险弹簧，违者1次扣2分		
	4.试枪时务必注意安全，切忌对准人和空打，违者1次扣2分		
	5.切勿将任何操作工具指向自己或他人，违者1次扣2分		
	6.他人在操作时，不得上前干扰，违者1次扣2分		
	7.不得使用量具测量转动中的钻头，违者1次扣2分		

【总结与提高】

一、主要知识点回顾

1.在机翼蒙皮上开长圆孔或矩形孔时，应尽量使长轴或长边平行于桁条，为什么？

2.外贴盖板的上边缘需要倒角吗？为什么？

3.正在检修的飞机，接通机上或地面电源要经现场维修负责人同意，哪些情况不准接通机上和地面电源？

4.描述采用外贴盖板法修理飞机蒙皮破孔的步骤。

二、总结思考
1.通过本次学习，我学到的知识点／技能点（如外贴盖板的制作）：

实训操作中所遇到的问题（如外贴盖板的弧度控制）：

解决方案：

2.自身认为在以下方面还需要深入学习并提升岗位能力，可将自己的评价分数（百分制）标在图2-10中。

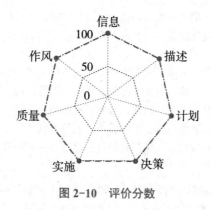

图 2-10　评价分数

三、他山之石

其他成员评语：

教师评语：

【任务描述】

工作任务	机翼前缘蒙皮破孔修理	教学模式	任务驱动和行动导向
建议学时	4 学时	教学地点	一体化教室

任务描述	某航空执行北京—烟台的航班，在烟台蓬莱国际机场落地后过站期间发生意外。除冰车撞上飞机左大翼，机务检查飞机发现，机翼前缘结构受损。机翼前缘损伤的修理需要考虑气动光滑性。 　　飞机机翼前缘作为迎风面，主要承受与飞机平行的气动荷载，其受到的威胁主要来自飞行方向，平时主要为鸟撞、空飘物撞击、地面剐蹭等。由于飞机速度快，所以即使体积很小的物体都会对其造成严重的损伤，轻则蒙皮凹陷，重则击穿蒙皮。机翼前缘蒙皮，前缘弯曲半径较小，上、下翼面弯曲半径较大。机翼前缘蒙皮表面要有很好的气动光滑性，因此，对损伤区域的修理通常采用托底平补法修理，修理补片应与蒙皮完全贴合，贴合处缝隙有严格的尺寸要求

学习目标	知识目标	1. 熟悉航空维修规章与制度、人员在维修工作区的行为规范； 2. 熟悉并能正确选择、使用机翼前缘蒙皮破孔修理的工具、设备； 3. 掌握工程识图、航空机械基础知识； 4. 具有安全生产意识，掌握对地面事故的预防措施； 5. 掌握机翼前缘蒙皮破孔修理方案的拟订； 6. 熟悉机翼前缘蒙皮破孔修理规程及规范，严格遵守操作规范； 7. 掌握机翼前缘蒙皮破孔修理的完工检查标准； 8. 熟悉技术资料的查阅方法
	能力目标	1. 能遵循人员在维修工作区的行为规范； 2. 能识别工程图纸，熟练地运用各种航空工具和设备； 3. 具有从事飞机钳工、钣金、铆接的专业知识和能力； 4. 具备典型飞机结构的知识，具有分析、判断机翼前缘蒙皮损坏程度及修理的能力； 5. 具有技术资料的查阅和应用能力，能阅读机翼前缘蒙皮破孔修理中所涉及的各类技术手册、图册、工作单卡； 6. 具有整合知识和综合运用知识分析问题和解决问题的能力； 7. 能做好工作现场的"6S"以及持续改善； 8. 能按计划实施操作，具备航空安全与事故防范能力
	素质目标	1. 具有爱岗敬业、诚实守信、遵章守纪的良好职业道德； 2. 具备严谨规范、精益求精、吃苦耐劳的优良品质； 3. 具备团队协作、人际沟通的社会交往能力； 4. 具备从事本专业工作的安全防护、安全文明生产和环境保护等意识； 5. 具备"极其负责、精心维修"的职业素养

重难点	重点	机翼前缘蒙皮破孔修理的实施流程	
	难点	机翼前缘蒙皮破孔的修理质量	

【理论基础】

前缘蒙皮出现破孔后，均要采用托底平补法修理，补片形状视蒙皮损伤形状和结构而定，一般采用圆形或矩形衬片；矩形孔的切割线应平行于翼肋或桁条（图 2-11）。前缘蒙皮破孔的修理方法与破孔的一般修理方法基本相同，但由于前缘是气动力特别敏感区，因而对光滑性要求较高。施工步骤如下。

机翼前缘蒙皮破孔
修理

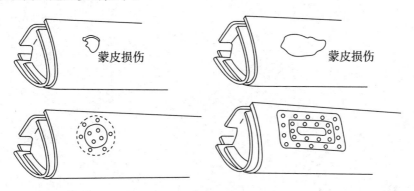

图 2-11　机翼前缘蒙皮破孔的修理

一、确定切割范围

根据蒙皮的损坏情况确定切割范围，是修理蒙皮破孔的第一步，它关系到其他步骤的施工。因此要注意以下几点：

（1）切割线一般应超过损伤范围 5 mm。

（2）为了便于制作补片，需将蒙皮损伤处切割成规则的形状，如圆形、长圆形、矩形等。

（3）切割线的直线部分应与构架相平行，并与构架保持一定距离，以便铆接衬片。

（4）由于机翼蒙皮上的正应力比剪应力大得多，在机翼蒙皮上开长圆孔或矩形孔时，应尽量使长轴或长边平行于桁条，以减小垂直于正应力方向的切口长度。

（5）切割线应尽可能避开铆钉。

二、切割损伤部位

根据确定的切割形状和损伤部位的结构情况，选择相应的切割工具切割损伤部位。切割时，既要保证切割孔的形状和尺寸，又要防止损伤内部构架和机件。

三、制作补片和衬片

补片和衬片与前缘蒙皮的弧度一致；补片与被修理蒙皮同材料同厚度，衬片与被修理蒙皮同材料，但厚度一般加厚一级到两级；不能双面铆接时，衬片做成两块，从切割孔放入，并用加强片铆成一个整体（图 2-12）；衬片和加强片与蒙皮用埋头铆钉连接，衬片上铆托板螺母后与补片用螺钉连接。

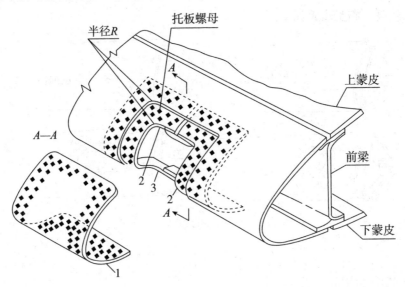

图 2-12　单面施工修理前缘蒙皮破孔
1—补片；2—衬片；3—加强片

衬片的大小取决于破孔的直径和衬片与蒙皮连接的铆钉排数。在受力较小的部位，衬片与蒙皮用两排铆钉连接；在受力过大的部位，衬片与蒙皮用三排铆钉连接。

修理经验表明，制作补片时，务必注意做到"三要"，才能保证制作准确、迅速。一要以孔为基准锉修补片，避免补片与孔同时锉修；二要做好标记，便于补片与孔对缝；三要有次序地由一个方向边锉边对，防止急躁，要少锉勤对。

四、钻孔制接

为了保证前缘形状正确，在衬片上铆接（或螺接）补片时，应先使补片的前缘与机翼前缘处在同一条直线上，并设法固定。铆接（或螺接）时，应上、下两面交替进行。

为了保持前缘的光滑，在距前缘中心线 20~25 mm 的范围内最好不铆铆钉。

铆接前，需根据切割孔的形状和大小，合理地布置铆钉。对于圆形孔或长圆形孔，按每排的圆周长均匀布置；对于矩形孔，首先在四角处确定 4 个铆钉，然后在 2 个铆钉间均匀地排列铆钉。铆钉为两排时，应尽可能采用交错排列。

【任务分析与决策】

一、引导问题

1. 查阅相关资料，说明飞机的哪些蒙皮是气动敏感区。

2. 查阅相关资料，描述"等强度修理准则"的定义。

3. 外来物危害对航空运输来说任何时候都是一种潜在的危险，它甚至可能导致可靠性及系统的失灵。下列哪些物品可能是外来物，容易遗留在飞机上？（　　　）

    A. 丢失的工具   B. 个人物品

    C. 铆钉、螺钉   D. 书本、笔

4. 描述机翼前缘蒙皮破孔修理时，对补片和衬片弧度的要求。

5. 机翼前缘蒙皮破孔修理时，为什么制作补片时要"少锉勤对"？

6. 为了保证前缘形状正确，在衬片上铆接（或螺接）补片时，应先使补片的前缘与机翼前缘（　　　），并设法固定。

二、计划与决策

1. 查询手册，填写本任务工序卡（表2-14）。

表 2-14　托底平补法实施的工序卡

序号	区域	工作步骤	工具 / 设备	时间
签字		校对	审核	
日期				

2. 查询手册，填写本任务设备、工具清单（表2-15）。

表 2-15　托底平补法实施需要的设备、工具清单

序号	名称	型号	数量	用途	备注
1					
2					
3					
4					
5					
6					
7					
8					
9					

3. 判断。

采用托底平补法修理，铆钉为两排时，应尽可能采用并列排列。（　　　）

理由：

4. 评估决策要素（表2-16）。

表 2-16　决策要素

序号	决策点	决策结果	
1	工序是否完整、科学	是〇	否〇
2	是否遵守飞机蒙皮损伤容限的规定	是〇	否〇
3	是否遵守人员进入工作区的规定	是〇	否〇
4	是否遵守修理现场的规则制度	是〇	否〇
5	是否做好工具"三清点"工作	是〇	否〇
6	是否熟悉在紧急情况下自救方法	是〇	否〇
7	是否遵守托底平补法的操作规范	是〇	否〇
8	劳动保护是否达到要求	是〇	否〇
9	是否征求了教师的意见	是〇	否〇

5. 与教师制订的工作方案对比，进行决策分析。

机翼前缘蒙皮破孔修理实训工单见表 2-17。

表 2-17　机翼前缘蒙皮破孔修理实训工单

工卡标题	飞机机翼前缘蒙皮破孔修理					
工卡编号	HKJD-XL-303		工作区域		飞机修理一体化实训室	
场所/载体	飞机结构件		学习模块		飞机蒙皮损伤修理	
版次	第 2 版		工时		4h	
参考文献	飞机修理手册，飞机结构检修教材					
编写/修订		审核			批准	
工具/设备/材料（1 个小组 1 个工具柜、2 个工具盒）						
类别	名称	规格	单位	数量	工作者	检查者
工具	榔头	中号	把	2		
	锯弓		把	2		
	铆枪	14×17	把	2		
	直顶铁		个	1		
	平顶铁		个	1		
	拉铆枪		把	1		
	气钻		把	1		
	锪窝钻		个	2		
	限位器		个	1		
	去毛刺工具		个	1		
	橡胶垫		块	1		
	橡胶条		条	1		
	麻花钻	$\phi 4.0$	支			
	麻花钻	$\phi 3.8$	支			
	麻花钻	$\phi 2.5$	支			
	平头铆卡		个	1		
	半圆头铆卡		个	1		
	弓形夹		个			
	穿心夹		个			

类别	名称	规格	单位	数量	工作者	检查者
工具	样冲		支	1		
	销冲		支	1		
	划规		支	1		
	开口扳手	17×19	把	1		
	梅花扳手	17×19	把	1		
	铅笔		支	1		
量具	钢直尺	0~300 mm	把	1		
	墩头检查工具		把	1		
设备	裁剪机	大型	台	1		
	滚弯机	中型	台	1		
	台钻	小型	台	1		
耗材	铝板		张			
	沉头铆钉		颗			
一、工作任务					工作者	检查者
假定机翼前缘蒙皮破孔损伤，切割整形，采用托底平补法修理修复						
二、工作准备					工作者	检查者
1.技术资料：手册、飞机结构检修教材						
2.工作场地：清扫、布置						
3.工具、设备：领取、清点、检查、保养						
4.劳动保护：领取、检查、使用						
三、工作步骤					工作者	检查者
工序	内容描述					
1	查阅波音737-300飞机SRM手册，在手册内查找机翼前缘蒙皮的材料、规格及损伤修理相关内容					
2	在教师的引导下，明确修理位置，确定切割范围					
3	对修理部位切割整形					
4	在纸上计算衬片和补片尺寸，进行铆钉布置 [推荐铆距（3~8）d，排距（2.5~3.5）d，边距（2~4）d；要求交错排列，铆钉数量不少于20个]					

三、工作步骤		工作者	检查者
工序	内容描述		
5	下料，制作衬片、垫片和补片（衬片 $\delta=1.5$ mm，补片 $\delta=1.5$ mm，数量按需要定），要求"勤对少锉"		
6	按计算的铆距、排距、边距，用铅笔在蒙皮上画线布置铆钉		
7	衬片与原蒙皮一起钻孔		
8	选择铆钉型号，铆接衬片		
9	检查衬片铆接质量		
10	补片与衬片一起钻孔		
11	补片制作埋头窝，深度符合要求		
12	铆接补片；为了保证前缘形状正确，在衬片上铆接（或螺接）补片时，应先使补片的前缘与机翼前缘在一条直线上，并设法固定		
13	为了保持前缘的光滑，在距前缘中心线 20~25 mm 的范围内最好不铆铆钉。检查铆接质量		
14	清点工具，清洁工作场所，不准遗留外来物		
四、工作结束		工作者	检查者
1. 清点工具和量具，进行维护后摆放规范整齐			
2. 清扫工作现场，保持工位文明整洁，符合"6S"规范			
3. 报告指导教师，上交工卡和作品			

【任务考核】

1. 质量考核

机翼前缘蒙皮破孔修理的质量考核标准见表 2-18。

表 2-18 机翼前缘蒙皮破孔修理的质量考核标准

	实作	适用课程	考核单号	修订日期
	考核单	飞机金属结构修理		
姓名		班级		教师		得分	
学号		日期				总分	

序号	工序	评分标准		分值	扣分
1	准备工作	工具	工具齐全并摆放整齐	4	
		耗材	正确使用并减少浪费	4	
		劳保	正确佩戴护目镜、耳塞，穿实训服、劳保鞋	4	
		场地	实训前后确保工作台及地面整洁	4	
2	确定切割范围	a. 切割线一般应超过损伤范围 5 mm		4	
		b. 补片和衬片的圆角半径 R=10 mm/15 mm（若矩形孔的短边 S > 150 mm，则矩形孔的圆角半径 R=15 mm；反之 R=10 mm）		2	
		c. 切割线的直线部分应与构架相平行，并与构架保持一定距离，以便铆接衬片		2	
		d. 由于机翼蒙皮上的正应力比剪应力大得多，在机翼蒙皮上开长圆孔或矩形孔时，应尽量使长轴或长边平行于桁条，以减小垂直于正应力方向的切口长度		4	
		e. 切割线应尽可能避开铆钉		2	
	切割损伤部位	a. 选择相应的切割工具切割损伤部位。若没有切割工具，可采用连续钻孔法切割		2	
		b. 保证切割孔的形状		2	
		c. 保证切割孔的尺寸		2	
		e. 防止损伤内部构架和机件		2	
	制作补片衬片	a. 补片用与蒙皮材料相同的铝板		2	
		b. 补片用与蒙皮厚度相等的铝板		2	
		c. 补片的大小与切割孔相同		2	
		d. 补片的形状与切割孔相同		2	
		e. 补片与切割孔，两者对缝间隙应符合飞机修理质量要求		2	
		f. 要以孔为基准锉修补片，避免补片与孔同时锉修		2	
		g. 要做好标记，便于补片与孔对缝		2	
		h. 要有次序地由一个方向边锉边对，防止急躁要"少锉勤对"		2	
		i. 衬片的材料与蒙皮相同		2	

序号	工序	评分标准	分值	扣分
2	制作补片衬片	j. 衬片的厚度等于或略大于蒙皮的厚度	4	
		k. 衬片与蒙皮用两排／三排铆钉连接（在受力较小的部位，衬片与蒙皮用两排铆钉连接；在受力过大的部位，衬片与蒙皮用三排铆钉连接。）	2	
		l. 衬片的大小取决于破孔的直径和衬片与蒙皮连接的铆钉排数。衬片大小的计算公式为 $$l = l_1 + 4c + 2(m-1)a$$ 式中 l——衬片的直径（mm）； l_1——破孔的直径（mm）； c——边距（mm）； a——排距（mm）； m——铆钉排数（排）；	4	
	钻孔铆接	a. 铆接前，需根据切割孔的形状和大小，合理地布置铆钉 边距计算：$c=2d$ 铆距计算：$t=d(1+1.8m)$ 排距计算：$a=c+d/2$	4	
		b. 对于矩形孔，首先在四角处确定 4 个铆钉，然后在 2 个铆钉间均匀地排列铆钉	2	
3	注意事项	a. 在距前缘中心线 20~25 mm 的范围内最好不铆铆钉	4	
		b. 应先使补片的前缘与机翼前缘处在同一条直线上，并设法固定	4	
		c. 衬片和加强片与蒙皮用埋头铆钉连接	4	
		d. 铆接（或螺接）时，应上、下两面交替进行	4	
4	最终作品评价	a. 作品外观有损伤痕迹，1 处扣 1 分	4	
		b. 尺寸、间隙不符合规定，1 处扣 1 分	4	
		c. 铆接等工艺技术不符合规定，1 处扣 2 分	4	
注：扣分在相应扣分点记负分（每处记一次）			总分	

2. 素养考核

机翼前缘蒙皮破孔修理的素养考核标准见表 2-19。

表 2-19　机翼前缘蒙皮破孔修理的素养考核标准

考核内容	考核指标	每项总分	备注
考勤	1. 无故迟到、早退 1 次扣 1 分	10	
	2. 无故缺勤 1 次扣 10 分，迟到、早退 5 次结算 1 次缺勤		
着装	1. 不符合行业要求着装，违者 1 次扣 1 分	10	
	2. 不正确穿戴好衣物等，例：不把工装上衣拉好等。违者 1 次扣 1 分		
作风养成	1. 实训场地严禁嬉戏打闹等不严肃行为，违者 1 次扣 1 分	30	
	2. 实训场地不得吸烟，违者 1 次扣 1 分		
	3. 保持现场的整洁，实训完毕做好卫生工作，违者 1 次扣 1 分		
	4. 实训场地应听从教师安排，违者 1 次扣 1 分		
工具、量具使用保管	1. 工具、量具使用完后随意摆放，不按规定摆放，违者 1 次扣 1 分	20	
	2. 不得将量具作为画线工具使用，违者 1 次扣 1 分		
	3. 使用测量工具时，不得使用过大的测量力，违者 1 次扣 1 分		
	4. 不得自行拆卸工具、量具，违者 1 次扣 1 分		
	5. 不得将量具强行推入工件中使用，违者 1 次扣 1 分		
	6. 在使用特殊量具时，应遵照一定的方法和步骤来使用，违者 1 次扣 1 分		
	7. 不得任意敲击、乱扔工具、量具，违者 1 次扣 1 分		
安全	1. 钻孔、锪窝时需正确佩戴护目镜、耳塞，违者 1 次扣 2 分	30	
	2. 使用气钻时，不得穿着宽松衣服、围巾、领带，不得佩戴项链、首饰、手套等，女生不得披头散发，违者 1 次扣 2 分		
	3. 铆卡安装时必须装牢保险弹簧，违者 1 次扣 2 分		
	4. 试枪时务必注意安全，切忌对准人和空打，违者 1 次扣 2 分		
	5. 切勿将任何操作工具指向自己或他人，违者 1 次扣 2 分		
	6. 他人在操作时，不得上前干扰，违者 1 次扣 2 分		
	7. 不得使用量具测量转动中的钻头，违者 1 次扣 2 分		

一、主要知识点回顾

1.机翼前缘蒙皮容易受到哪些类型的损伤?

2.机翼前缘蒙皮处于气动敏感区,对蒙皮修理的质量有哪些特殊要求?

3.坚守优良的工作作风是机务行业的基本要求,机务行业的基本准则包括哪些?

4.描述飞机机翼前缘蒙皮破孔修理的步骤。

二、总结思考

1.通过本次学习,我学到的知识点/技能点(如机翼前缘的气动影响):

实训操作中所遇到的问题（如补片的与周边蒙皮的对缝精度）：

解决方案：

2.自身认为在以下方面还需要深入学习并提升岗位能力，可将自己的评价分数（百分制）标在图 2-13 中。

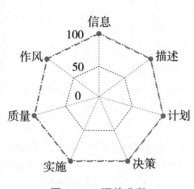

图 2-13　评价分数

三、他山之石

其他成员评语：

教师评语：

项目六 飞机双层蒙皮破孔修理

【任务描述】

工作任务	飞机双层蒙皮破孔修理	教学模式	任务驱动和行动导向
建议学时	4学时	教学地点	一体化教室

<table>
<tr>
<td rowspan="3">任务描述</td>
<td colspan="2">

早期的波音737CL型飞机后下部机身蒙皮为双层粘合的蒙皮结构，这种构型的蒙皮结构在循环载荷的作用下容易沿着化学铣切台阶产生疲劳裂纹损伤，如没有及时发现则可能产生广布疲劳裂纹损伤，严重影响飞行安全。

飞机上的双层蒙皮，其结构形式主要有三种：一是内外蒙皮之间铆有框架（图2-14）；二是内外蒙皮之间铆有较厚的垫条；三是内外蒙皮重叠和构架铆接在一起。因此，双层蒙皮在产生破孔后，应根据双层蒙皮的结构形式，采用不同的修理方法

图2-14　内部有构架的双层蒙皮修理
</td>
</tr>
</table>

学习目标	知识目标	1.熟悉航空维修规章与制度、人员在维修工作区的行为规范； 2.熟悉并能正确选择、使用双层蒙皮破孔修理的工具、设备； 3.掌握工程识图、航空机械基础知识； 4.具有安全生产意识，掌握对地面事故的预防措施； 5.掌握双层蒙皮破孔修理方案的拟订； 6.熟悉双层蒙皮破孔修理规程及规范，严格遵守操作规范； 7.掌握双层蒙皮破孔修理的完工检查标准； 8.熟悉技术资料的查阅方法
	能力目标	1.能遵循人员在维修工作区的行为规范； 2.能识别工程图纸，熟练运用各种航空工具和设备； 3.具有从事飞机钳工、钣金、铆接的专业知识和能力； 4.具备典型飞机结构的知识，具有分析、判断飞机蒙皮破孔损坏程度及修理的能力； 5.具有技术资料的查阅和应用能力，能阅读双层蒙皮破孔修理中所涉及的各类技术手册、图册、工作单卡； 6.具有整合知识和综合运用知识分析问题和解决问题的能力； 7.能做好工作现场的"6S"以及持续改善； 8.能按计划实施操作，具备航空安全与事故防范能力

学习目标	素质目标	1. 具有爱岗敬业、诚实守信、遵章守纪的良好职业道德； 2. 具备严谨规范、精益求精、吃苦耐劳的优良品质； 3. 具备团队协作、人际沟通的社会交往能力； 4. 具备从事本专业工作的安全防护、安全文明生产和环境保护等意识； 5. 具备"极其负责、精心维修"的职业素养	
重难点	重点	飞机双层蒙皮破孔修理的实施流程	
	难点	飞机双层蒙皮破孔的修理质量	

【理论基础】

一、内部有构架的双层蒙皮破孔的修理

飞机双层蒙皮破孔修理

这种双层蒙皮的特点是内部有较大的空间。根据这个特点，可以采用先修外蒙皮后修内蒙皮的方法（图 2-15）。先将内、外蒙皮的破孔切割整齐，利用内蒙皮的切割孔作为铆接通道，修理好外蒙皮上的破孔，然后再将内蒙皮补上。内蒙皮的修补可视情况采用单面铆接或铆托板螺母等方法修补。

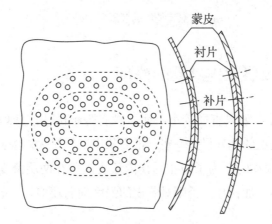

图 2-15　内部有构架的双层蒙皮修理

如果内蒙皮是进气道蒙皮，此时应先修内蒙皮后修外蒙皮。进气道蒙皮修补时，应选择直径不小于 3 mm 的埋头铆钉铆接衬片和补片，切忌用螺纹空心斜钉和螺钉连接。

二、内部有垫条的双层蒙皮破孔的修理

这种双层蒙皮的特点是内部空间很小，修理时无法放入顶铁。通常用图 2-16 所示的方法修理。用与垫条厚度相等的铝板制作 4 条衬片，衬片的宽度以能铆两排铆钉为宜。将衬片插入内、外蒙皮之间，用埋头铆钉将衬片与内、外蒙皮铆接为一体，将两块补片分别安装在内、外蒙皮的切割口上，用埋头铆钉与衬片铆接。

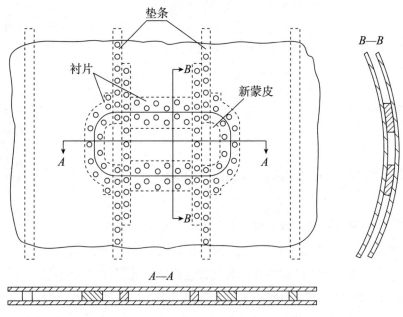

图 2-16　内部有垫条的双层蒙皮破孔的修理

三、相互重叠的双层蒙皮破孔的修理

这类蒙皮上的破孔，如果直径较小，而且没有跨越构件，修理时可以将内蒙皮上的孔开得小一些，外蒙皮上的孔开得大一些，把内蒙皮当作衬片，将补片直接铆在内蒙皮上（图 2-17）。切割外蒙皮时，为了防止划伤内蒙皮，可在两层蒙皮之间插入薄钢片。这种修理方法的特点是不另加衬片，否则对蒙皮的强度削弱较多。一般来说，翼面的上下蒙皮上只允许各有一个衬片。

如果双层蒙皮上的破孔直径较大，跨过桁条或翼肋，或破孔的数量较多，应用下述方法修理。先将内蒙皮上的孔开得小一些、外蒙皮上的孔开得大一些，按外蒙皮的切割孔制作补片和衬片。补片的材料、厚度与外蒙皮相同，补片的形状、大小与外蒙皮切割孔一致。衬片的材料、厚度与内蒙皮相同，尺寸比外蒙皮切割孔大，每边能铆 2~3 排铆钉。然后，用埋头铆钉先将衬片与内、外蒙皮铆接，再将补片与内蒙皮、衬片铆接在一起（图 2-18）。

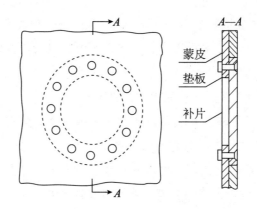

图 2-17　双层蒙皮小破孔的修理

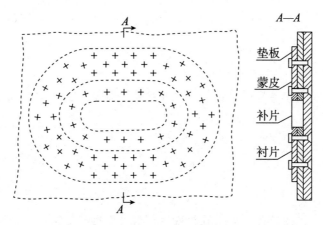

图 2-18　重叠双层蒙皮破孔的修理

【任务分析与决策】

一、引导问题

1.查阅相关资料，描述飞机上的双层蒙皮的结构形式。

2.查阅相关资料，说明相互重叠的双层蒙皮破孔的修理，切割外蒙皮时，为了防止划伤内蒙皮，应如何操作。

3. 关于防止飞机修理区域静电起火的说法，下列描述正确的是（　　）。

A. 飞机应可靠接地，必须将飞机、油车、加油管接头与接地连接好，其他部位如系留环等不能为接地点

B. 保持飞机搭铁带与放电刷的完整和搭铁可靠

C. 严格控制强挥发性液体的使用。不准用汽油清洗工作服和作为打火机的液体，在靠近电气设备的地方不要打开强挥发性液体的容器

D. 由于人造丝、尼龙、丝绸、毛料和纤维容易产生静电火花，维修人员在有起火危险的环境中工作时，不应穿着这些材料制作的衣服。

4. 内部有构架的双层蒙皮破孔修理时，内、外蒙皮的修理顺序是什么？

5. 内部有垫条的双层蒙皮破孔时，内部无法放入顶铁，应如何处理？

6. 相互重叠蒙皮上的破孔，如果直径较小，而且没有跨越构件，修理时可以将（　　）上的孔开得小一些、（　　）上的孔开得大一些，把内蒙皮当作衬片，将补片直接铆在内蒙皮上。

二、计划与决策

1. 查询手册，填写本任务工序卡（表2-20）。

表2-20 托底平补法实施的工序卡

序号	区域	工作步骤	工具/设备	时间
签字		校对	审核	
日期				

2. 查询手册，填写本任务设备、工具清单（表2-21）。

表 2-21 托底平补法实施需要的设备、工具清单

序号	名称	型号	数量	用途	备注
1					
2					
3					
4					
5					
6					
7					
8					
9					

3. 判断。

托底平补法修理，铆钉为两排时，应尽可能采用并列排列。（　　　）

理由：

4. 评估决策要素（表2-22）。

表 2-22　决策要素

序号	决策点	决策结果	
1	工序是否完整、科学	是○	否○
2	是否遵守飞机蒙皮损伤容限的规定	是○	否○
3	是否遵守人员进入工作区的规定	是○	否○
4	是否遵守修理现场的规则制度	是○	否○
5	是否做好工具"三清点"工作	是○	否○
6	是否熟悉在紧急情况下的自救方法	是○	否○
7	是否遵守托底平补法的操作规范	是○	否○
8	劳动保护是否达到要求	是○	否○
9	是否征求了教师的意见	是○	否○

5. 与教师制订的工作方案对比，进行决策分析。

【任务实施】

飞机双层蒙皮破孔修理实训工单见表 2-23。

表 2-23 飞机双层蒙皮破孔修理实训工单

工卡标题		飞机双层蒙皮破孔修理				
工卡编号		HKJD-XL-302	工作区域		飞机修理一体化实训室	
场所 / 载体		飞机结构件	学习模块		飞机蒙皮损伤修理	
版次		第 2 版	工时		4 h	
参考文献		飞机修理手册，飞机结构检修教材				
编写 / 修订			审核		批准	
工具 / 设备 / 材料（1 个小组 1 个工具柜、2 个工具盒）						
类别	名称	规格	单位	数量	工作者	检查者
工具	榔头	中号	把	2		
	锯弓		把	2		
	铆枪	14×17	把	2		
	直顶铁		个	1		
	平顶铁		个	1		
	拉铆枪		把	1		
	气钻		把	1		
	锪窝钻		个	2		
	限位器		个	1		
	去毛刺工具		个	1		
	橡胶垫		块	1		

类别	名称	规格	单位	数量	工作者	检查者
工具	橡胶条		条	1		
	麻花钻	$\phi4.0$	支			
	麻花钻	$\phi3.8$	支			
	麻花钻	$\phi2.5$	支			
	平头铆卡		个	1		
	半圆头铆卡		个	1		
	弓形夹		个			
	穿心夹		个			
	样冲		支	1		
	销冲		支	1		
	划规		支	1		
	开口扳手	17×19	把	1		
	梅花扳手	17×19	把	1		
	铅笔		支	1		
量具	钢直尺	0~300 mm	把	1		
	墩头检查工具		把	1		
设备	裁剪机	大型	台	1		
	滚弯机	中型	台	1		
	台钻	小型	台	1		
耗材	铝板		张			
	沉头铆钉		颗			
一、工作任务					工作者	检查者
假定飞机双层蒙皮破孔损伤，切割整形，采用托底平补法修复						
二、工作准备					工作者	检查者
1. 技术资料：手册、飞机结构检修教材						
2. 工作场地：清扫、布置						
3. 工具、设备：领取、清点、检查、保养						
4. 劳动保护：领取、检查、使用						

三、工作步骤		工作者	检查者
工序	内容描述		
1	查阅波音737-300飞机SRM手册，在手册内查找机身蒙皮的材料、规格及损伤修理相关内容		
2	在教师的引导下，明确修理位置，确定内、外蒙皮的切割范围		
3	对内、外蒙皮进行切割整形		
4	在纸上计算盖板尺寸，进行铆钉布置［推荐铆距（3~8）d，排距（2.5~3.5）d，边距（2~4）d；要求交错排列，铆钉数量不少于20个］		
5	下料，制作盖板（补片 $\delta = 1.5$ mm 各一块），要求"少锉勤对"		
6	按计算的铆距、排距、边距，用铅笔在蒙皮上画线布置铆钉		
7	盖板与原蒙皮一起钻孔		
8	选择铆钉型号，铆接衬片		
9	检查盖板铆接质量		
10	盖板与蒙皮一起钻孔		
11	盖板制作埋头窝，深度应比铆钉的最小高度小 0.02 ～ 0.05 mm		
12	铆接盖板		
13	检查铆接质量		
14	清点工具，清洁工作场所，不准遗留外来物		
四、工作结束		工作者	检查者
1.清点工具和量具，进行维护后摆放规范整齐			
2.清扫工作现场，保持工位文明整洁，符合"6S"规范			
3.报告指导教师，上交工卡和作品			

【任务考核】

1. 质量考核

双层蒙皮破孔修理的质量考核标准见表2-24。

表 2-24　双层蒙皮破孔修理的质量考核标准

![徽标]	实作	适用课程	考核单号	修订日期	
	考核单	飞机金属结构修理			
姓名		班级	教师	得分	
学号		日期		总分	
序号	工序	评分标准		分值	扣分
1	准备工作	工具	工具齐全并摆放整齐	4	
		耗材	正确使用并减少浪费	4	
		劳保	正确佩戴护目镜、耳塞，穿实训服、劳保鞋	4	
		场地	实训前后确保工作台及地面整洁	4	
2	切割范围	a.切割线应大于损伤 5 mm		2	
		b.切割线长边部分应与构架相平行		4	
		c.切割范围应与构架有一定距离		2	
		d.切割处应切割成规则的形状，制成矩形应设计倒角或圆角		2	
		e.切割线在条件允许的情况下应避开铆钉		2	
	切割损伤部位	a.做好个人防护，正确佩戴防护工具		2	
		b.做好对施工附近蒙皮的保护		2	
		c.选择合适的切割工具		2	
		d.正确使用切割工具		2	
		e.切割时应严格按照切割线进行		2	
		f.切割时不能损伤到其他构件		2	
		g.切割部位应修整光洁，去飞边毛刺，如是矩形切割，应设有圆角过渡		2	
		h.施工孔应尽量小		2	
		i.施工孔应修整光洁，去飞边毛刺，如是矩形切割，应设有圆角过渡		2	
		j.开施工孔时应不能损伤到其他构件		2	

序号	工序	评分标准	分值	扣分
3	制作补片衬片	a. 补片材料应与蒙皮相同，厚度相等	2	
		b. 补片大小形状应与切割孔相同	2	
		c. 补片与切割孔对缝应均匀，且尽量小	2	
		d. 补片应修整光洁，去飞边毛刺，在直角处倒角	2	
		e. 制作补片应以孔为基准，"少锉勤对"	2	
		f. 衬片大小不能随意制作	2	
		g. 衬片材料应与蒙皮相同，厚度大于等于蒙皮厚度	2	
		h. 衬片应修整光洁，去飞边毛刺、在直角处倒角	2	
4	钻孔铆接	a. 做好个人防护，正确佩戴防护工具	2	
		b. 正确选用和使用工具	2	
		c. 确定铆钉数，根据实际布置铆钉孔	2	
		d. 铆钉孔椭圆度应在铆钉孔直径偏差内	2	
		e. 铆钉孔不允许有毛刺棱、破边和裂纹	2	
		f. 铆孔应垂直铆接构件表面	2	
		g. 埋头窝深度应符合要求，埋头窝表面无损伤、无偏斜	2	
		h. 划窝时对飞机蒙皮的损伤应小于包铝层，且这种窝的数量应小于铆钉排内的3%	2	
		i. 铆接时应先铆衬片再铆补片	2	
		j. 铆接后铆钉头部和墩头不能有切痕，压坑等损伤	2	
		k. 铆接后铆钉头凸出量应小于0.2 mm	2	
		l. 铆接后铆钉头单向间隙应不大于0.05 mm，且这种铆钉的数量少于铆钉排内总数10%	2	
		m. 铆钉头形状应为鼓形	2	
		n. 铆接件不允许有被工具打伤的痕迹	2	
		o. 铆钉头周围蒙皮下陷时，下陷深度超过0.4 mm	2	
4	最终作品评价	a. 作品外观有损伤痕迹，1处扣1分	2	
		b. 尺寸、间隙不符合规定，1处扣1分	2	
		c. 铆接等工艺技术不符合规定，1处扣2分	2	
注：扣分在相应扣分点记负分（每处记一次）			总分	

2. 素养考核

双层蒙皮破孔修理的素养考核标准见表 2-25。

表 2-25 双层蒙皮破孔修理的素养考核标准

考核内容	考核指标	每项总分	备注
考勤	1. 无故迟到、早退 1 次扣 1 分	10	
	2. 无故缺勤 1 次扣 10 分，迟到、早退 5 次结算 1 次缺勤		
着装	1. 不符合行业要求着装，违者 1 次扣 1 分	10	
	2. 不正确穿戴好衣物等，例：不把工装上衣拉好等。违者 1 次扣 1 分		
作风养成	1. 实训场地严禁嬉戏打闹等不严肃行为，违者 1 次扣 1 分	30	
	2. 实训场地不得吸烟，违者 1 次扣 1 分		
	3. 保持现场的整洁，实训完毕做好卫生工作，违者 1 次扣 1 分		
	4. 实训场地应听从教师安排，违者 1 次扣 1 分		
工具、量具使用保管	1. 工具、量具使用完后随意摆放，不按规定摆放，1 次扣 1 分	20	
	2. 不得将量具作为画线工具使用，违者 1 次扣 1 分		
	3. 使用测量工具时，不得使用过大的测量力，违者 1 次扣 1 分		
	4. 不得自行拆卸工具、量具，违者 1 次扣 1 分		
	5. 不得将量具强行推入工件中使用，违者 1 次扣 1 分		
	6. 在使用特殊量具时，应遵照一定的方法和步骤使用，违者 1 次扣 1 分		
	7. 不得任意敲击、乱扔工具、量具，违者 1 次扣 1 分		
安全	1. 钻孔、锪窝时需正确佩戴护目镜、耳塞，违者 1 次扣 2 分	30	
	2. 使用气钻时，不得穿着宽松衣服、围巾、领带，不得佩戴项链、首饰、手套等，女生不得披头散发，违者 1 次扣 2 分		
	3. 铆卡安装时必须装牢保险弹簧，违者 1 次扣 2 分		
	4. 试枪时务必注意安全，切忌对准人和空打，违者 1 次扣 2 分		
	5. 切勿将任何操作工具指向自己或他人，违者 1 次扣 2 分		
	6. 他人在操作时，不得上前干扰，违者 1 次扣 2 分		
	7. 不得使用量具测量转动中的钻头，违者 1 次扣 2 分		

【总结与提高】

一、主要知识点回顾

1.内部有构架的双层蒙皮破孔修理时，内蒙皮的铆接通道是什么？

2.内部有构架的双层蒙皮破孔修理时，内蒙皮应使用什么方法铆接？

3.什么是抗疲劳修理准则？

4.描述内部有构架的双层蒙皮破孔修理的步骤。

二、总结思考

1.通过本次学习，我学到的知识点/技能点（如铆接通道的建立）：

实训操作中所遇到的问题（施工孔大小是否合适）：

解决方案：

2.自身认为在以下方面还需要深入学习并提升岗位能力，可将自己的评价分数（百分制）标在图 2-19 中。

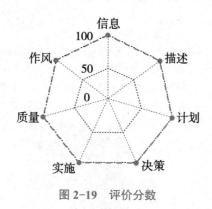

图 2-19　评价分数

三、他山之石

其他成员评语：

教师评语：

项目七　不易施工处蒙皮破孔的修理

【任务描述】

工作任务	不易施工处蒙皮破孔的修理	教学模式	任务驱动和行动导向
建议学时	4 学时	教学地点	一体化教室
任务描述	某飞机机身后段被梯架误撞，出现 60 mm×120 mm 范围的破损，飞机内部不易建立铆接通道。用托底平补法修理类似损伤时，需要在蒙皮里面放置衬片，铆接衬片和补片。但是飞机上有些部位，如机翼、尾翼、进气道等处，不易从蒙皮的内部接近损伤处，放置衬片和铆接存在困难。这种情况就需要掌握不易施工处蒙皮破孔的修理（图 2-20）  图 2-20　不易施工处蒙皮破孔的修理		
学习目标	知识目标	1. 熟悉航空维修规章与制度、人员在维修工作区的行为规范； 2. 熟悉并能正确选择、使用不易施工处蒙皮破孔修理常用的工具、设备； 3. 掌握工程识图、航空机械基础知识； 4. 具有安全生产意识，掌握对地面事故的预防措施； 5. 掌握不易施工处蒙皮破孔修理方案的拟订； 6. 熟悉不易施工处蒙皮破孔的修理规程及规范，严格遵守操作规范； 7. 掌握不易施工处蒙皮破孔修理的完工检查标准； 8. 熟悉技术资料的查阅方法	
	能力目标	1. 能遵循人员在维修工作区的行为规范； 2. 能识别工程图纸，熟练地运用各种航空工具和设备； 3. 具有从事飞机钳工、钣金、铆接的专业知识和能力； 4. 具备典型飞机结构的知识，具有分析、判断飞机蒙皮破孔损坏程度及修理的能力； 5. 具有技术资料的查阅和应用能力，能阅读不易施工处蒙皮破孔修理中所涉及的各类技术手册、图册、工作单卡； 6. 具有整合知识和综合运用知识分析问题和解决问题的能力； 7. 能做好工作现场的"6S"以及持续改善； 8. 能按计划实施操作，具备航空安全与事故防范能力	

学习目标	素质目标	1.具有爱岗敬业、诚实守信、遵章守纪的良好职业道德; 2.具备严谨规范、精益求精、吃苦耐劳的优良品质; 3.具备团队协作、人际沟通的社会交往能力; 4.具备从事本专业工作的安全防护、安全文明生产和环境保护等意识; 5.具备"极其负责、精心维修"的职业素养	
重难点	重点	不易施工处蒙皮破孔修理的实施流程	
	难点	不易施工处蒙皮破孔的修理质量	

【理论基础】

不易施工处破孔的修理方法与前述的破孔一般修理方法基本相同,下面着重介绍克服施工困难的几种办法。

不易施工处蒙皮
破孔修理

一、充分利用切割孔进行施工

利用切割孔施工时,在衬片的中央需要开一个与衬片形状相同的小施工孔,以便从外部插入弯形顶铁,铆接衬片。长圆形衬片和矩形衬片可以充分利用切割孔放入(图2-21);圆形衬片可将其切开后放入,但是衬片切开后,强度减弱,需要在切口处铆上一块加强片(图2-22)。

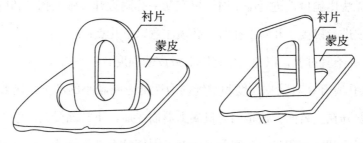

图 2-21　长圆形衬片和矩形衬片的放入与加强

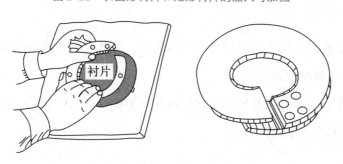

图 2-22　圆形衬片的放入与加强

铆接时，可从衬片中央的施工孔伸入弯形顶铁，将衬片与蒙皮铆接；然后，用单面特种铆钉将补片与衬片连接。也可以在衬片上先铆好托板螺母，最后用螺钉固定衬片（图 2-23）。

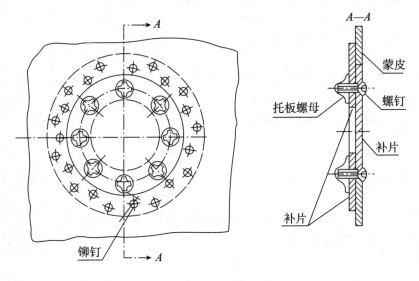

图 2-23　用螺钉固定衬片

二、利用舱口盖或施工孔进行施工

如果切割孔附近有舱口盖，应尽可能利用舱口盖放入衬片，进行铆接；若切割孔附近没有舱口盖或无法用舱口盖进行施工时，可在切割孔附近开一施工孔，利用施工孔来放入衬片和伸入顶铁进行铆接。开施工孔时，必须注意以下几点：

（1）施工孔不宜过大，以免过多地降低蒙皮的强度。

（2）施工孔应开在对蒙皮强度和空气动力性能影响较小的部位。例如，机翼上开设施工孔，一般要开在上翼面。这是因为机翼上翼面受压，下翼面受拉。蒙皮经修补后，铆孔对受拉的下翼面截面面积是一个削弱，而对上翼面情况就好一些，这是因为压应力可以由铆钉杆传递。

（3）开施工孔时，既要考虑到对破孔的施工，又要充分考虑好施工孔的修补，如能否利用附近的舱口例补施工孔等。

（4）施工孔应与破孔或其他的孔彼此错开，不要处在结构的同一横截面上。这是为了避免同一横截面的强度削弱过多。

三、临时拆卸蒙皮进行施工

飞机上有的部位产生破孔后，可以拆卸附近的蒙皮进行施工。在拆卸附近的蒙皮以前，一定要对骨架的布局、弯边方向做充分的了解和正确的判断，以便制定合理的铆接线路。切忌武断，乱拆乱卸，造成铆接困难。

【任务分析与决策】

一、引导问题

1. 查阅相关资料，描述不易施工处蒙皮破孔修理，克服施工困难的办法。

2. 查阅相关资料，说明不易施工处蒙皮破孔修理，如何开通铆接通道。

3. 机务人员行为规范，具体包括的内容有（　　　　）。

　　A. 工作现场不允许嬉闹，休息时不允许借助工具器材打闹

　　B. 工作现场不允许随意乱扔废弃物

　　C. 在作业时要采取必要的防范措施，以防止工具坠落损坏航空器和危及人身安全

　　D. 对所从事的维修工作必须正确地选择和使用工具

4. 飞机上哪些部位不易从蒙皮的内部接近损伤处？放置衬片和铆接存在的困难有哪些？

5. 不易施工处蒙皮破孔的修理，开施工孔有哪些影响因素？

6.不易施工处蒙皮破孔的修理，机翼上开设施工孔，一般要开在（　　　）。这是因为机翼上翼面受压，下翼面受拉。

二、计划与决策

1.查询手册，填写本任务工序卡（表2-26）。

表2-26　托底平补法实施的工序卡

序号	区域	工作步骤	工具/设备	时间
签字		校对	审核	
日期				

2.查询手册，填写本任务设备、工具清单（表2-27）。

表2-27　托底平补法实施需要的设备、工具清单

序号	名称	型号	数量	用途	备注
1					
2					
3					
4					
5					
6					
7					
8					
9					

3. 判断。

采用托底平补法修理，铆钉为两排时，应尽可能采用并列排列。（　　　）

理由：

4. 评估决策要素（表2-28）。

表2-28　决策要素

序号	决策点	决策结果	
1	工序是否完整、科学	是〇	否〇
2	是否遵守飞机蒙皮损伤容限的规定	是〇	否〇
3	是否遵守人员进入工作区的规定	是〇	否〇
4	是否遵守修理现场的规则制度	是〇	否〇
5	是否做好工具"三清点"工作	是〇	否〇
6	是否熟悉在紧急情况下的自救方法	是〇	否〇
7	是否遵守托底平补法的操作规范	是〇	否〇
8	劳动保护是否达到要求	是〇	否〇
9	是否征求了教师的意见	是〇	否〇

5. 与教师制订的工作方案对比，并进行决策分析。

【任务实施】

不易施工处蒙皮破孔修理的实训工单见表 2-29。

表 2-29　不易施工处蒙皮破孔修理的实训工单

工卡标题	不易施工处蒙皮破孔修理					
工卡编号	HKJD-XL-302	工作区域		飞机修理一体化实训室		
场所／载体	飞机结构件	学习模块		飞机蒙皮损伤修理		
版次	第 2 版	工时		4 h		
参考文献	飞机修理手册，飞机结构检修教材					
编写／修订		审核		批准		
工具／设备／材料（1 个小组 1 个工具柜、2 个工具盒）						
类别	名称	规格	单位	数量	工作者	检查者
工具	榔头	中号	把	2		
	锯弓		把	2		
	铆枪	14×17	把	2		
	直顶铁		个	1		
	平顶铁		个	1		
	拉铆枪		把	1		
	气钻		把	1		
	锪窝钻		个	2		
	限位器		个	1		
	去毛刺工具		个	1		
	橡胶垫		块	1		
	橡胶条		条	1		
	麻花钻	ϕ4.0	支			
	麻花钻	ϕ3.8	支			
	麻花钻	ϕ2.5	支			
	平头铆卡		个	1		
	半圆头铆卡		个	1		
	弓形夹		个			
	穿心夹		个			

类别	名称	规格	单位	数量	工作者	检查者
工具	样冲		支	1		
	销冲		支	1		
	划规		支	1		
	开口扳手	17×19	把	1		
	梅花扳手	17×19	把	1		
	铅笔		支	1		
量具	钢直尺	0~300 mm	把	1		
	墩头检查工具		把	1		
设备	裁剪机	大型	台	1		
	滚弯机	中型	台	1		
	台钻	小型	台	1		
耗材	铝板		张			
	沉头铆钉		颗			

一、工作任务	工作者	检查者
假定不易施工处的蒙皮破孔损伤，切割整形，采用托底平补法修理修复		

二、工作准备	工作者	检查者
1.技术资料：手册、飞机结构检修教材		
2.工作场地：清扫、布置		
3.工具、设备：领取、清点、检查、保养		
4.劳动保护：领取、检查、使用		

三、工作步骤		工作者	检查者
工序	内容描述		
1	查阅波音737-300飞机SRM手册，在手册内查找机身蒙皮的材料、规格及损伤修理相关内容		
2	在教师的引导下，明确修理位置，确定切割范围		
3	对修理部位切割整形		
4	切割线一般应超过损伤范围5 mm		

工序	三、工作步骤	工作者	检查者
	内容描述		
5	盖板的圆角半径 $R=10$ mm/15 mm（若矩形孔的短边 $S > 150$ mm，则矩形孔的圆角半径 $R=15$ mm；反之 $R=10$ mm）		
6	切割线的直线部分应与构架相平行，并与构架保持一定距离，以便铆接衬片		
7	由于机翼蒙皮上的正应力比剪应力大得多，在机翼蒙皮上开长圆孔或矩形孔时，应尽量使长轴或长边平行于桁条，以减小垂直于正应力方向的切口长度		
8	在纸上计算盖板尺寸，进行铆钉布置［推荐铆距（3~8）d，排距（2.5~3.5）d，边距（2~4）d；要求交错排列，铆钉数量不少于20个］		
9	下料，制作盖板（补片 $\delta = 1.5$ mm 各一块），要求"少锉勤对"		
10	按计算的铆距、排距、边距，用铅笔在蒙皮上画线布置铆钉		
11	盖板与原蒙皮一起钻孔		
12	选择铆钉型号，铆接衬片		
13	检查盖板铆接质量		
14	盖板与蒙皮一起钻孔		
15	盖板制作埋头窝，深度符合要求		
16	铆接盖板		
17	检查铆接质量		
18	清点工具，清洁工作场所，不准遗留外来物		
	四、工作结束	工作者	检查者
	1.清点工具和量具，进行维护后摆放规范整齐		
	2.清扫工作现场，保持工位文明整洁，符合"6S"规范		
	3.报告指导教师，上交工卡和作品		

【任务考核】

1. 质量考核

不易施工处蒙皮破孔修理的质量考核标准见表2-30。

表 2-30　不易施工处蒙皮破孔修理的质量考核标准

		实作	适用课程	考核单号	修订日期
		考核单	飞机金属结构修理		

姓名			班级		教师		得分	
学号			日期				总分	

序号	工序		评分标准	分值	扣分
1	准备工作	工具	工具齐全并摆放整齐	4	
		耗材	正确使用并减少浪费	4	
		劳保	正确佩戴护目镜、耳塞，穿实训服、劳保鞋	4	
		场地	实训前后确保工作台及地面整洁	4	
2	确定切割范围		a. 切割线超过损伤范围小于 5 mm	2	
			b. 切割线未避开铆钉	2	
			c. 切割处形状不规则、无圆滑过渡	2	
			d. 切割线直线部分与构架距离过近	2	
			e. 切割线直线部分未与构架相平行	2	
	切割损伤部位		a. 选择相应的切割工具切割损伤部位	2	
			b. 保证切割孔的形状	2	
			c. 保证切割孔的尺寸	2	
			d. 防止损伤内部构架和机件	2	
	制作补片衬片		a. 盖板与蒙皮材料相同	2	
			b. 补片与蒙皮厚度不同	2	
			c. 补片与孔同时锉修	2	
			d. 衬片厚度过大	2	
			e. 衬片未倒角	2	
			f. 衬片和补片未去毛刺	2	
			g. 衬片施工孔过大或过小	2	
			h. 要以孔为基准锉修补片，避免补片与孔同时锉修	2	
			i. 要做好标记，便于补片与孔对缝	2	
			j. 要有次序地由一个方向边锉边对，防止急躁，要"少锉勤对"	2	

序号	工序	评分标准	分值	扣分
2	钻孔铆接	a. 铆接前，需根据切割孔的形状和大小，合理地布置铆钉 边距计算：$c=2d$ 铆距计算：$t=d(1+1.8m)$ 排距计算：$a=c+d/2$	2	
		b. 对于矩形孔，首先在四角处确定 4 个铆钉，然后在 2 个铆钉间均匀地排列铆钉	2	
		c. 铆钉为两排时，交错排列	2	
		d. 铆孔有毛刺、棱角、破边和裂纹	2	
		e. 铆孔不垂直于构件表面	2	
		f. 铆孔椭圆度超出直径偏差	2	
		g. 埋头窝表面有棱角、划伤	2	
		h. 埋头窝过深	2	
		i. 埋头窝附近有冲击痕迹、凹坑	2	
		j. 铆钉头部和墩头有切痕、压坑、裂纹	2	
		k. 翼面上沉头铆钉凸出量超过 0.15 mm，机身上超过 2 mm	2	
		l. 墩头形状不是鼓形	2	
		m. 铆钉边距过小，小于 $2d$	2	
		n. 铆钉铆距过小或过大	2	
3	注意事项	a. 切割孔的大小不符合要求	2	
		b. 铆接件有凹坑、碰伤、划伤痕迹	2	
		c. 补片与蒙皮同材料、等厚度	2	
		d. 切割孔的每个角未倒圆角	2	
4	最终作品评价	a. 作品外观有损伤痕迹，1 处扣 1 分	2	
		b. 尺寸、间隙不符合规定，1 处扣 1 分	4	
		c. 铆接等工艺技术不符合规定，1 处扣 2 分	4	
注：扣分在相应扣分点记负分（每处记一次）			总分	

2. 素养考核

不易施工处蒙皮破孔修理的素养考核标准见表 2-31。

表 2-31　不易施工处蒙皮破孔修理的素养考核标准

考核内容	考核指标	每项总分	备注
考勤	1. 无故迟到、早退 1 次扣 1 分	10	
	2. 无故缺勤 1 次扣 10 分，迟到、早退 5 次记 1 次缺勤		
着装	1. 不符合行业要求着装，违者 1 次扣 1 分	10	
	2. 不正确穿戴好衣物等，例：不把工装上衣拉好等。违者 1 次扣 1 分		
作风养成	1. 实训场地严禁嬉戏打闹等不严肃行为，违者 1 次扣 1 分	30	
	2. 实训场地不得吸烟，违者 1 次扣 1 分		
	3. 保持现场整洁，实训完毕做好卫生工作，违者 1 次扣 1 分		
	4. 实训场地应听从教师安排，违者 1 次扣 1 分		
工具、量具使用保管	1. 工具、量具使用完后随意摆放，不按规定摆放，违者 1 次扣 1 分	20	
	2. 不得将量具作为画线工具使用，违者 1 次扣 1 分		
	3. 使用测量工具时，不得使用过大的测量力，违者 1 次扣 1 分		
	4. 不得自行拆卸工具、量具，违者 1 次扣 1 分；		
	5. 不得将量具强行推入工件中使用，违者 1 次扣 1 分		
	6. 在使用特殊量具时，应遵照一定的方法和步骤使用，违者 1 次扣 1 分		
	7. 不得任意敲击、乱扔工具、量具，违者 1 次扣 1 分		
安全	1. 钻孔、锪窝时需正确佩戴护目镜、耳塞，违者 1 次扣 2 分	30	
	2. 使用气钻时，不得穿着宽松衣服、围巾、领带，不得佩戴项链、首饰、手套等，女生不得披头散发，违者 1 次扣 2 分		
	3. 铆卡安装时必须装牢保险弹簧，违者 1 次扣 2 分		
	4. 试枪时务必注意安全，切忌对准人和空打，违者 1 次扣 2 分		
	5. 切勿将任何操作工具指向自己或他人，违者 1 次扣 2 分		
	6. 他人在操作时，不得上前干扰，违者 1 次扣 2 分		
	7. 不得使用量具测量转动中的钻头，违者 1 次扣 2 分		

一、主要知识点回顾

1.不易施工处蒙皮修理，开长圆孔或矩形孔时，长圆形衬片和矩形衬片如何放入孔内？

2.不易施工处蒙皮修理，开孔后进行铆接，如何使用顶铁？

3.制订不易施工处蒙皮修理方案时，需要考虑哪些基本因素？

4.描述不易施工处蒙皮破孔修理的步骤。

二、总结思考

1.通过本次学习，我学到的知识点/技能点（如衬片上施工孔的切割）：

实训操作中所遇到的问题（如施工孔是否倒圆角）：

解决方案：

2.自身认为在以下方面还需要深入学习并提升岗位能力，可将自己的评价分数（百分制）标在图2-24中。

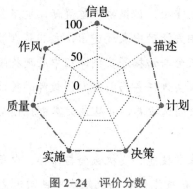

图 2-24　评价分数

三、他山之石

其他成员评语：

教师评语：

全国技术能手梁镖——精益求精，持之以恒，勇攀飞机修理新高峰

梁镖，男，1999年10月出生，四川省遂宁市人。2018年9月，入读成都航空职业技术学院飞机机电设备维修专业，是学校航空工业2018级世赛班学员，现为成都飞机工业（集团）有限责任公司员工。2020年12月10—13日，梁镖代表四川省参加在广州举行的中华人民共和国第一届职业技能大赛飞机维修项目，获得优胜奖，成功入围第46届世界技能大赛飞机维修项目国家集训队，获得"全国技术能手"称号。

机会总是给有准备的青年

虽然进入自己理想的航空学校，但梁镖不爱说话，也不爱表现，刚开始在班级中并不出众，但在飞机实训课程及相关活动中表现突出，尤其是在参加"梦想DIY"手工社团、在飞机标准线路施工、飞机钣金与铆接等实训课程中表现抢眼。正是因在实训课上认真踏实、细致高效地超额完成各项实训任务而引起实训教师的关注，推荐他参加了学校组织的世界技能大赛飞机维修项目校园选拔赛，并从选拔赛中脱颖而出。

默默付出才能一鸣惊人

梁镖从理论考核、航空基本技能、飞机钣金与铆接、电气组件等五个模块的层层选拔中脱颖而出，进入第46届世界技能大赛飞机维修项目四川省选拔赛参赛选手名单中，在这个过程中他和同学们一起既要学习课程理论，又要参加选拔赛集训，在所有世赛项目中，飞机维修项目是单项能力要求最高的，要求选手具有五个模块的知识、能力与素养，每天他的时间被安排得满满当当，这些内容往往是需要1~2年才能完成的任务，他硬是凭借自己的坚持用了大半年时间完成了。当遇到问题时，除了自己一遍一遍自我学习，基地还邀请了最强的师资和航空工业成飞、国航成都基地、四川航空、成都航空、大川通航的大师和专家为他辅导，提升他的技能水平。

持之以恒，为川争光

国赛中，他沉着应对，以优异的成绩入选国家集训队，并获得"全国技术能手"称号。现在，他已是成都飞机工业（集团）有限责任公司的一名员工，在工作的同时坚持参加国家集训队的训练，并顺利通过了国家集训队的第一阶段选拔。当有人问起他时，他回答说："我很喜欢这样的节奏，每天都能学习到新的知识，很充实！尤其能得到全国航空行业顶尖大师的指导是我一生的荣耀。"

飞机结构损伤修理

【模块解析】

飞机的机体结构通常由蒙皮和骨架等组成。骨架包括纵向构件和横向构件。其中，纵向构件主要由梁和桁条组成，其作用主要是承受机翼、尾翼、机身弯曲时所产生的拉力和压力；横向构件包括翼肋、隔框等，主要用来保持机翼、尾翼和机身的截面形状，并承受局部的空气动力。

飞机上的梁、肋、桁条、隔框和起落架都可以用铝合金制造。因为铝合金密度小、强度高，在航空材料中得以广泛应用。铝合金结构在使用过程中不可避免地受到不同程度的损伤，如桁条裂纹、隔框变形等，因而需要采取相应的方法加以修理，保证各个结构能够在使用中安全负载和工作。

本模块主要介绍飞机铝合金桁条、翼肋、腹板和隔框等结构的维修方法。在飞机结构损伤修理过程中，修理工作者必须培养精益求精的维护作风，确保修理质量符合适航规定。

项目八　飞机桁条损伤修理

【任务描述】

工作任务	飞机桁条损伤修理	教学模式	任务驱动和行动导向
建议学时	4 学时	教学地点	一体化教室
任务描述	飞机桁条是飞机的重要部件之一，其主要功能是将蒙皮上的气动载荷传递给机翼、机身和尾翼的主要承载部件，飞机桁条多以铝合金为材料制作。桁条的损伤类型主要有缺口、裂纹和断裂（图 3-1）等。修理时，应根据损伤的实际情况，采用不同的修理方法		

任务描述		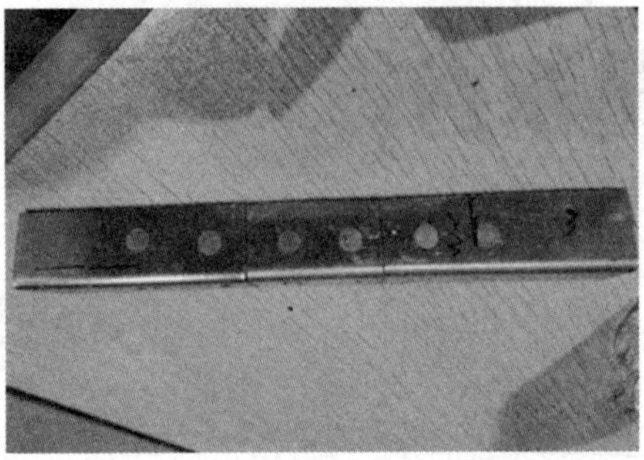 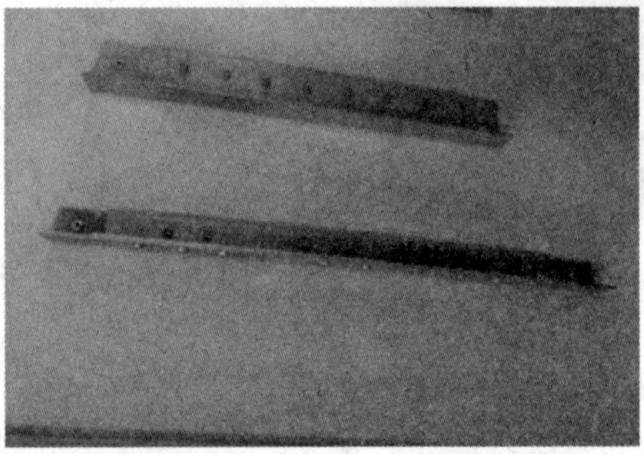 图 3-1 飞机桁条损伤修理	
学习目标	知识目标	1.熟悉航空维修规章与制度、维修人员在维修工作区的行为规范； 2.熟悉并能正确选择、使用飞机桁条损伤修理的工具、设备； 3.掌握工程识图、航空机械基础知识； 4.具有安全生产意识，掌握对地面事故的预防措施； 5.掌握飞机桁条损伤修理方案的拟订； 6.熟悉飞机桁条损伤修理规程及规范，严格遵守操作规范； 7.掌握飞机桁条损伤修理的完工检查标准； 8.熟悉技术资料的查阅方法	
	能力目标	1.能遵循维修人员在维修工作区的行为规范； 2.能识别工程图纸，熟练地运用各种航空工具和设备； 3.具有从事飞机钳工、钣金、铆接的专业知识和能力； 4.具备典型飞机结构的知识，具有分析、判断飞机蒙皮破孔损坏程度及修理的能力； 5.具有技术资料的查阅和应用能力，能阅读托底平补法中所涉及的各类技术手册、图册、工作单卡； 6.具有整合知识和综合运用知识分析问题和解决问题的能力； 7.能做好工作现场的"6S"以及持续改善； 8.能按计划实施操作，具备航空安全与事故防范能力	
	素质目标	1.具有爱岗敬业、诚实守信、遵章守纪的良好职业道德； 2.具备严谨规范、精益求精、吃苦耐劳的优良品质； 3.具备团队协作、人际沟通的社会交往能力； 4.具备从事本专业工作的安全防护、安全文明生产和环境保护等意识； 5.具备"极其负责、精心维修"的职业素养	
重难点	重点	飞机桁条损伤修理的实施流程	
	难点	飞机桁条损伤修理的操作规范	

飞机桁条断裂后，如果断裂的构件便于整根取下，可采用更换的方法进行修理。即取下断裂构件，用材料相同、规格相等的型材，制作新构件，按原孔铆接。

飞机桁条破损修理

如果断裂的构件不便于整根取下，修理时，首先将构件的断裂部分切割整齐，用与切割部位相适应的填补型材填平切割处，然后铆接一条接补型材，将断裂的构件重新连接成一体（图 3-2）。这样，在断裂处作用于构件一端的载荷，即可通过接补型材传至构件的另一端，使断裂构件的强度得到恢复。这种修理方法通常称为接补修理。

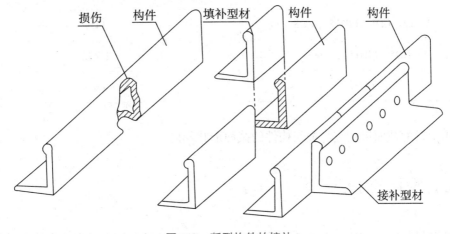

损伤　构件　填补型材　构件　构件

接补型材

图 3-2　断裂构件的接补

接补修理的要求：在恢复构件抗拉和抗压强度的前提下，尽可能减轻构件的质量，并力求施工方便。接补修理的工艺过程主要包括构件损伤部位的切割，接补型材的选择和安装，以及接补型材的铆接。

飞机桁条损伤修理的施工步骤如下。

一、损伤部位的切割

切割损伤构件时，切割线应超出损伤范围 5 mm，并且切割线应与构件垂直；切割后，用锉刀锉平切割缝，并涂刷防锈底漆；若结构中有几根构件同时断裂，需事先用托架将损伤部件托住，再进行切割。切割时，必须使各构件的切割缝彼此错开，不要在结构的同一截面上，防止结构接补后，在该截面处的面积突然增大，引起应力集中，降低结构的强度。一般切割缝错开的距离尽量大于 100 mm。

二、接补型材的选择

接补型材通常选择与构件材料相同、截面面积相等的型材。如果没有同样的型材，也可以用其他型材代替。但代用型材的抗拉强度（σ_b）和弹性系数（E）要大于或等于构件材料的抗拉强度和弹性系数。不同构件材料的代用材料见表 3-1。

表 3-1　代用材料表

构件材料	代用材料
LC4、LY12、45	30CrMnSiA
LC4、LY12	45
LY12、LD5、MB15、MB8	LC4
LD5、MB15、MB8	LY12
ZM-5	LD6

代用型材的截面形状应与损伤构件的截面形状相同。

三、接补型材的安装

接补型材的安装方法（图 3-3）通常有三种：第一种是接补型材安装在构件的外侧，简称外侧接补；第二种是接补型材安装在构件的内侧，简称内侧接补；第三种是接补型材安装在构件的两侧，简称两侧接补。

构件无论采用哪种接补方法，施工时，应将接补型材的两端削斜，一般为 45°，如图 3-4（a）所示。采用内侧和两侧接补时，应将接补型材外棱角倒角，以保证接补型材与构件贴合紧密；同时，两侧接补时，还要使两根接补型材的端面彼此错开，不要处在同一截面上，如图 3-4（b）所示，这与切割面要彼此错开的道理是一样的。

接补型材的三种安装方法各有优缺点。外侧接补与内侧接补、两侧接补相比，操作比较简单。但是，外侧接补中接补型材的截面重心和构件的截面重心的距离较大，如图 3-5 所示，接补后的构件在传递载荷时，作用在构件和接补型材上的力都将分别通过它们各自的截面重心，这样，作用在构件和接补型材上的载荷不在一条直线上，因而出现一个偏弯矩。这个偏弯矩，对受拉的构件来说，影响不大；对受压的构件来说，容易使构件失去稳定，产生纵向弯曲。由此可见，外侧接补的特点是施工比较简单，但使构件受压的稳定性变差。

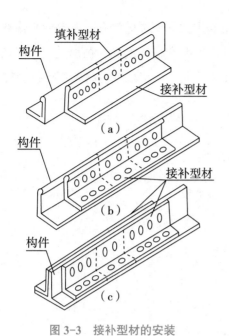

图 3-3　接补型材的安装

（a）外侧接补；（b）内侧接补；（c）两侧接补

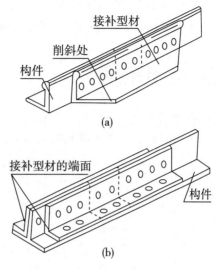

图 3-4　接补型材的两端削斜和端面错开

（a）两端削斜；（b）端面错开

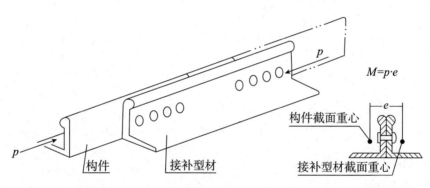

图 3-5　构件外侧接补后的受力情形

　　内侧接补和两侧接补施工虽然比外侧接补复杂，但接补型材的截面重心和构件的截面重心之间的距离较小，构件受力时产生的偏弯矩也较小，因此，受压构件接补后不易失去稳定性，这就是内侧接补和两侧接补的特点。因此，修理时应根据损伤构件的受力特点、截面形式和安装位置等特点合理地选择接补方法。例如，对于机翼上部的桁条，最好采用内侧接补；机翼下部桁条既可采用内侧接补，也可采用外侧接补。

四、钻孔制接

　　为了保证桁条修理后具有相应的强度，一般规定，钻孔使构件强度削弱的程度不得超过构件原来强度的 8%~10%。但是桁条的宽度较窄，截面面积较小，即使在截面上增加一个铆孔，也容易超过规定；因此，修理时应尽量利用构件原来的铆孔，不钻或少钻新孔。如果需要钻制新孔，新孔的位置必须与原孔错开，不要在构件的同一截面上。钻好孔后，将填补型材安装在损伤部位，先把接补型材铆在构件上，再将填补型材铆在接补型材上。

【任务分析与决策】

一、引导问题

1.查阅相关资料，描述飞机桁条的功用。

2.查阅相关资料，描述刚度协调修理准则的定义。

3.工具的"三清点"是指（　　　）。

    A.工作前清点

    B.工作场所转移时清点

    C.工作中清点

    D.工作结束后清点

4.描述飞机桁条损伤修理时，若结构中有几根构件同时断裂，应如何进行切割？

5.在飞机桁条损伤修理时，接补型材通常选择什么材料？

6.外侧接补中接补型材的截面重心和构件的截面重心的距离较大，接补后的构件在传递载荷时，作用在构件和接补型材上的力都将分别通过它们各自的（　　　）。

二、计划与决策

1. 查询手册，填写本任务工序卡（表 3-2）。

表 3-2　飞机桁条损伤修理实施的工序卡

序号	区域	工作步骤	工具/设备	时间
签字		校对	审核	
日期				

2. 查询手册，填写本任务设备、工具清单（表 3-3）。

表 3-3　飞机桁条损伤修理实施需要的设备、工具清单

序号	名称	型号	数量	用途	备注
1					
2					
3					
4					
5					
6					
7					
8					
9					

3.判断。

为了保证桁条修理后具有应有的强度，一般规定，由于钻孔使构件强度削弱的程度，不得超过构件原来强度的 10%~20%。（　　　）

理由：

4.评估决策要素（表 3-4）。

表 3-4　决策要素

序号	决策点	决策结果	
1	工序是否完整、科学	是○	否○
2	是否遵守飞机桁条损伤容限的规定	是○	否○
3	是否遵守人员进入工作区的规定	是○	否○
4	是否遵守修理现场的规则制度	是○	否○
5	是否做好工具"三清点"工作	是○	否○
6	是否熟悉在紧急情况下的自救方法	是○	否○
7	是否遵守飞机桁条损伤修理的操作规范	是○	否○
8	劳动保护是否达到要求	是○	否○
9	是否征求了教师的意见	是○	否○

5.与教师制订的工作方案对比，进行决策分析。

【任务实施】

飞机桁条破损修理实训工单见表 3-5。

表 3-5　飞机桁条破损修理实训工单

工卡标题		飞机桁条破损修理		
工卡编号	HKJD-XL-304	工作区域	飞机修理一体化实训室	
场所 / 载体	飞机结构件	学习模块	飞机结构损伤修理	
版次	第 2 版	工时	4 h	
参考文献		飞机修理手册，飞机结构检修教材		
编写 / 修订		审核		批准	

工具 / 设备 / 材料（1 个小组 1 个工具柜、2 个工具盒）						
类别	名称	规格	单位	数量	工作者	检查者
工具	榔头	中号	把	2		
	锯弓		把	2		
	铆枪	14×17	把	2		
	直顶铁		个	1		
	气钻		把	1		
	锪窝钻		个	2		
	限位器		个	1		
	去毛刺工具		个	1		
	橡胶垫		块	1		
	橡胶条		条	1		
	麻花钻	ϕ4.0	支			
	麻花钻	ϕ3.8	支			
	麻花钻	ϕ2.5	支			
	平头铆卡		个	1		
	半圆头铆卡		个	1		
	弓形夹		个			
	穿心夹		个			
	样冲		支	1		
	销冲		支	1		

类别	名称	规格	单位	数量	工作者	检查者
工具	开口扳手	17×19	把	1		
	梅花扳手	17×19	把	1		
	铅笔		支	1		
量具	钢直尺	0~300 mm	把	1		
	墩头检查工具		把	1		
设备	裁剪机	大型	台	1		
	滚弯机	中型	台	1		
	台钻	小型	台	1		
耗材	铝板		张			
	沉头铆钉		颗			

一、工作任务	工作者	检查者
用铝板制作桁条，假定桁条断裂，用单面接补修理		

二、工作准备	工作者	检查者
1. 技术资料：手册、飞机结构检修教材		
2. 工作场地：清扫、布置		
3. 工具、设备：领取、清点、检查、保养		
4. 劳动保护：领取、检查、使用		

三、工作步骤		工作者	检查者
工序	内容描述		
1	查阅波音 737-300 飞机 SRM 手册，在手册内查找飞机桁条的材料、规格及损伤修理相关内容		
2	下料，制作桁条		
3	明确修理位置，确定切割范围		
4	对断裂部位，切割整形		
5	在纸上计算补片和连接片尺寸，进行铆钉布置 [推荐铆距（3~8）d，排距（2.5~3.5）d，边距（2~4）d；要求交错排列，铆钉数量不少于 20 个]		
6	下料，制作填补片和连接片（衬片 $\delta = 1.5$ mm，补片 $\delta = 1.5$ mm 各一块），要求"少锉勤对"		
7	按计算的铆距、排距、边距，用铅笔在构件上画线布置铆钉		

三、工作步骤			工作者	检查者
工序		内容描述		
8		制孔，选择铆钉型号		
9		铆接连接片		
10		铆接填补片		
11		检查铆接质量		
12		清点工具，清洁工作场所，不准遗留外来物		
四、工作结束			工作者	检查者
1. 清点工具和量具，进行维护后摆放规范整齐				
2. 清扫工作现场，保持工位文明整洁，符合"6S"规范				
3. 报告指导教师，上交工卡和作品				

【任务考核】

1. 质量考核

飞机桁条修理的质量考核标准见 3-6。

表 3-6　飞机桁条修理的质量考核标准

		实作	适用课程	考核单号	修订日期	
		考核单	飞机金属结构修理			
姓名			班级	教师	得分	
学号			日期		总分	
序号	工序		评分标准		分值	扣分
1	准备工作	工具	工具齐全并摆放整齐		4	
		耗材	正确使用并减少浪费		4	
		劳保	正确佩戴护目镜、耳塞，穿实训服、劳保鞋		4	
		场地	实训前后确保工作台及地面整洁		4	

序号	工序	评分标准	分值	扣分
2	缺口的修理	a. 当缺口小于 5 mm 时，只需将缺口修锉成光滑的弧形，用砂纸打光后涂上底漆	4	
		b. 当缺口宽度较宽时，把缺口切割整齐，用填片填上缺口，并铆上加强片	4	
		c. 加强片的材料和厚度与原构件相同，宽度比缺口的宽度稍大	4	
	裂纹的修理	a. 当构件边缘出现长度不超过 2 mm 的裂纹时，可采用修锉法	4	
		b. 裂纹长度大于 2 mm 时，但小于构件一边宽度的 2/3 时，可在裂纹末端钻直径为 2~2.5 mm 的孔后，用加强片加强	4	
		c. 当裂纹的长度超过构件一边宽度的 2/3 时，在裂纹末端钻止裂孔后，用与构件相同的型材进行加强	4	
	断裂的修理	a. 梁缘条或长桁断裂后，如果断裂的构件便于整根取下，可采用更换的方法进行修理	2	
		b. 取下断裂的构件，用相同的材料、规格的型材，制作新构件原孔铆接	2	
		c. 如果断裂的构件不便于整根取下，修理时，首先将构件的断裂部分切割整齐，用与切割部位相适应的填补型材填平切割处，然后铆接一条接补型材，将断裂的构件重新连接成一体	4	
	切割	a. 切割损伤构件时，切割线应超出切断范围 5 mm，并且切割线应与构件垂直	4	
		b. 切割后，用锉刀平整切割，并涂刷防锈底漆	2	
		c. 若结构中有几根构件同时断裂，需事先用托架将损伤部件托住，再进行切割	2	
		d. 切割时，必须使各构件的切割缝彼此错开，不要处在结构的同一截面上，防止结构线补后在该截面处的面积突然增大，引起应力集中，降低结构的强度	4	
	接补型材	a. 选择接补型材材料，接补型材通常选择材料相同、截面面积相等的型材	2	
		b. 接补型材安装，内侧接补、外侧接补、两边接补	2	
		c. 按计算的铆距、排距、边距，用铅笔在翼肋、连接片上画线布置铆钉	4	
	钻孔铆接	铆接前，需根据切割孔的形状和大小，合理地布置铆钉	4	

序号	工序	评分标准	分值	扣分
3	注意事项	a.机翼上部的桁条，采用内侧接补；机翼下部的桁条，采用内侧接补，也可采用外侧接补	4	
		b.尽量利用构件原来的铆孔，不钻或少钻新孔	4	
		c.先铆接加强片，后将填片铆接在加强片上，装配时注意填片与桁条的配合间隙，要求均匀	4	
		d.要求铆钉墩头直径在（1.5+0.1）倍或（1.5-0.1）倍铆钉杆直径范围内，墩头高度为 1.1 d（d 为铆钉直径）	4	
4	最终作品评价	a.作品外观有损伤痕迹，1 处扣 1 分	4	
		b.尺寸、间隙不符合规定，1 处扣 1 分	4	
		c.铆接等工艺技术不符合规定，1 处扣 2 分	4	
注：扣分在相应扣分点记负分（每处记一次）			总分	

2. 素养考核

飞机桁条损伤修理的素养考核标准见表 3-7。

表 3-7　飞机桁条损伤修理的素养考核标准

考核内容	考核指标	每项总分	备注
考勤	1. 无故迟到、早退 1 次扣 1 分	10	
	2. 无故缺勤 1 次扣 10 分，迟到、早退 5 次记 1 次缺勤		
着装	1. 不符合行业要求着装，违者 1 次扣 1 分	10	
	2. 不正确穿戴好衣物等，例：不把工装上衣拉好等。违者 1 次扣 1 分		
作风养成	1. 实训场地严禁有嬉戏打闹等不严肃行为，违者 1 次扣 1 分	30	
	2. 实训场地不得吸烟，违者 1 次扣 1 分		
	3. 保持现场整洁，实训完毕做好卫生工作，违者 1 次扣 1 分		
	4. 实训场地应听从教师安排，违者 1 次扣 1 分		
工具、量具使用保管	1. 工具、量具使用完后随意摆放，不按规定摆放，违者 1 次扣 1 分	20	
	2. 不得将量具作为画线工具使用，违者 1 次扣 1 分		
	3. 使用测量工具时，不得使用过大的测量力，违者 1 次扣 1 分		
	4. 不得自行拆卸工具、量具，违者 1 次扣 1 分		

考核内容	考核指标	每项总分	备注
工具、量具使用保管	5. 不得将量具强行推入工件中使用，违者 1 次扣 1 分		
	6. 在使用特殊量具时，应遵照一定的方法和步骤来使用，违者 1 次扣 1 分		
	7. 不得任意敲击、乱扔工具、量具，违者 1 次扣 1 分		
安全	1. 钻孔、锪窝时需正确佩戴护目镜、耳塞，违者 1 次扣 2 分	30	
	2. 使用气钻时，不得穿着宽松衣服、围巾、领带，不得佩戴项链、首饰、手套等，女生不得披头散发，违者 1 次扣 2 分		
	3. 铆卡安装时必须装牢保险弹簧，违者 1 次扣 2 分		
	4. 试枪时务必注意安全，切忌对准人和空打，违者 1 次扣 2 分		
	5. 切勿将任何操作工具指向自己或他人，违者 1 次扣 2 分		
	6. 他人在操作时，不得上前干扰，违者 1 次扣 2 分		
	7. 不得使用量具测量转动中的钻头，违者 1 次扣 2 分		

【总结与提高】

一、主要知识点回顾

1. 在飞机桁条损伤修理中，接补型材的安装方法有哪几种？

2. 在飞机桁条损伤修理，切割损伤部位时，各构件的切割缝要达到哪些要求？

3. 在飞机桁条损伤修理中，关于在桁条上钻新的铆孔，有什么规定？

4. 描述飞机桁条损伤修理的步骤。

二、总结思考

1.通过本次学习，我学到的知识点 / 技能点（如接补型材安装的规范）：

实训操作中所遇到的问题（如铆接的难点）：

解决方案：

2.自身认为在以下方面还需要深入学习并提升岗位能力，可将自己的评价分数（百分制）标在图 3-6 中。

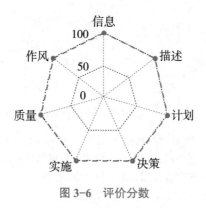

图 3-6　评价分数

三、他山之石

其他成员评语：

教师评语：

项目九　飞机翼肋破孔修理

【任务描述】

工作任务	飞机翼肋破孔修理	教学模式	任务驱动和行动导向
建议学时	4 学时	教学地点	一体化教室

任务描述	翼肋上产生破孔后，必须根据破孔在翼肋的不同位置，采用不同的方法。破孔在翼肋的中部，只需将损伤部位锉修整齐，沿破孔四周用两排铆钉铆上补片。补片的材料和厚度与翼肋相同。当破孔损伤扩大到弯边或靠近弯边时，将损伤区切割整齐，并制圆角，如图 3-7 所示。根据切割部分的形状和大小，用与翼肋同材料、同厚度的板材制作一块带弯边的补片和一块连接片，与损伤翼肋铆成一体 图 3-7　飞机翼肋破孔修理	
学习目标	知识目标	1. 熟悉航空维修规章与制度、人员在维修工作区的行为规范； 2. 熟悉并能正确选择、使用飞机翼肋破孔修理常用的工具、设备； 3. 掌握工程识图、航空机械基础知识； 4. 具有安全生产意识，掌握对地面事故的预防措施； 5. 掌握飞机翼肋破孔修理方案的拟订； 6. 熟悉飞机翼肋破孔修理规程及规范，严格遵守操作规范； 7. 掌握飞机翼肋破孔修理的完工检查标准； 8. 熟悉技术资料的查阅方法
	能力目标	1. 能遵循维修人员在维修工作区的行为规范； 2. 能识别工程图纸，熟练运用各种航空工具和设备； 3. 具有从事飞机钳工、钣金、铆接的专业知识和能力； 4. 具备典型飞机结构的知识，具有分析、判断飞机翼肋破损程度及飞机翼肋破孔修理的能力； 5. 具有技术资料的查阅和应用能力，能阅读飞机翼肋破孔修理过程中所涉及的各类技术手册、图册、工作单卡； 6. 具有整合知识和综合运用知识分析问题和解决问题的能力； 7. 能做好工作现场的"6S"以及持续改善； 8. 能按计划实施操作，具备航空安全与事故防范能力

学习目标	素质目标	1. 具有爱岗敬业、诚实守信、遵章守纪的良好职业道德； 2. 具备严谨规范、精益求精、吃苦耐劳的优良品质； 3. 具备团队协作、人际沟通的社会交往能力； 4. 具备从事本专业工作的安全防护、安全文明生产和环境保护等意识； 5. 具备"极其负责、精心维修"的职业素养	
重难点	重点	飞机翼肋破孔修理的操作流程	
	难点	飞机翼肋破孔修理的操作规范	

【理论基础】

飞机翼肋破孔盖板补法修理的施工步骤如下。

一、确定切割范围

飞机翼肋破孔修理

根据翼肋的损坏情况确定切割范围，是修理翼肋破孔的第一步，它关系到其他步骤的施工。因此要注意以下事项：

（1）切割线一般应超过损伤范围 5 mm。

（2）为了便于制作补片和连接片，需将翼肋损伤处切割成规则的形状，如圆形、长圆形、矩形等。

（3）当破孔损伤扩大到弯边或靠近弯边时，将损伤区切割整齐后，需要制圆角。补片和连接片的圆角半径 R=10 mm/15 mm。若矩形孔的短边 $S > 150$ mm，则矩形孔的圆角半径 R=15 mm；反之 R=10 mm。

（4）对修理部位切割，整形，将翼肋破孔修整圆滑。

（5）切割线的直线部分应与构架（即梁、桁、肋、框）相平行，并与构架保持一定距离，以便铆接。

（6）切割线应尽可能避开铆钉。

二、切割损伤部位

根据确定的切割形状和损伤部位的结构情况，选择相应的切割工具切割损伤部位。切割时，既要保证切割孔的形状和尺寸，又要防止损伤内部构架和机件。切割完成后，检查切割边缘的质量，确保没有残缺或毛刺。

三、制作补片与连接片

补片的材料和厚度应与翼肋相同，补片的大小和形状与切割孔相同，两者对缝间隙应符合飞机修理质量要求。修理经验表明，制作补片时，务必注意做到"三要"，才能保证制作准确、迅速：一要以孔为基准锉修补片，避免补片与孔同时锉修；二要做好标记，便于补片与孔对缝；三要有次序地由一个方向边锉边对，防止急躁，要"少锉勤对"。

连接片的材料与蒙皮相同，连接片的厚度等于或略大于翼肋的厚度，连接片与翼肋根据受力大小用两排或三排铆钉连接。

四、钻孔制接

制作连接片和腹板上的铆孔，连接片与腹板一起钻孔。钻孔时，钻头应垂直于腹板表面，可先用比铆孔直径小的钻头钻孔，再用与设计得出的铆孔直径相同的钻头钻孔。

【任务分析与决策】

一、引导问题

1.查阅相关资料，描述飞机翼肋的功用。

2.查阅相关资料，说明飞机翼肋损伤容限的规定。

3.维修人员应如何正确使用和保养个人防护装备？（　　　）

A.每月检查装备的磨损程度和损坏情况，维修或更换需要修复的装备

B.定期清洁个人防护装备，包括头盔、护目镜、防护面具等

C.根据个人喜好选择适合的装备颜色和款式

D.只有在高风险工作场合下才需要佩戴个人防护装备

4.在翼肋损伤修理中，铆接前如何合理地布置铆钉？

5.在翼肋损伤修理中，当破孔损伤扩大到弯边或靠近弯边时，修理过程有什么不同？

6.翼肋损伤修理，补片与连接片的材料均为（　　　）板。

二、计划与决策

1.查询手册，填写本任务工序卡（表3-8）。

表3-8　飞机翼肋破孔修理实施的工序卡

序号	区域	工作步骤	工具/设备	时间
签字		校对	审核	
日期				

2. 查询手册，填写本任务设备、工具清单（表3-9）。

表 3-9　飞机翼肋破孔修理需要的设备、工具清单

序号	名称	型号	数量	用途	备注
1					
2					
3					
4					
5					
6					
7					
8					
9					

3. 判断。

翼肋损伤修理，连接片与肋板是用三排铆钉铆接。（　　　）

理由：

4. 评估决策要素（表3-10）。

表 3-10　决策要素

序号	决策点	决策结果	
1	工序是否完整、科学	是○	否○
2	是否遵守飞机翼肋损伤容限的规定	是○	否○
3	是否遵守人员进入工作区的规定	是○	否○
4	是否遵守修理现场的规则制度	是○	否○
5	是否做好工具"三清点"工作	是○	否○
6	是否熟悉在紧急情况下的自救方法	是○	否○
7	是否遵守翼肋破孔修理的操作规范	是○	否○
8	劳动保护是否达到要求	是○	否○
9	是否征求了教师的意见	是○	否○

5. 与教师制订的工作方案对比，进行决策分析。

【任务实施】

飞机翼肋破孔修理实训工单见表 3-11。

表 3-11 飞机翼肋破孔修理实训工单

工卡标题		飞机翼肋破孔修理		
工卡编号	HKJD-XL-307	工作区域		飞机修理一体化实训室
场所 / 载体	飞机结构件	学习模块		飞机结构损伤修理
版次	第 2 版	工时		4 h
参考文献		飞机修理手册，飞机结构检修教材		
编写 / 修订		审核		批准
工具 / 设备 / 材料（1 个小组 1 个工具柜、2 个工具盒）				

类别	名称	规格	单位	数量	工作者	检查者
工具	榔头	中号	把	2		
	锯弓		把	2		
	铆枪	14×17	把	2		
	直顶铁		个	1		
	气钻		把	1		
	锪窝钻		个	2		
	限位器		个	1		
	去毛刺工具		个	1		
	橡胶垫		块	1		
	橡胶条		条	1		
	麻花钻	ϕ4.0	支			
	麻花钻	ϕ3.8	支			
	麻花钻	ϕ2.5	支			
	平头铆卡		个	1		
	半圆头铆卡		个	1		

类别	名称	规格	单位	数量	工作者	检查者
工具	弓形夹		个			
	穿心夹		个			
	样冲		支	1		
	销冲		支	1		
	开口扳手	17×19	把	1		
	梅花扳手	17×19	把	1		
	铅笔		支	1		
量具	钢直尺	0~300 mm	把	1		
	墩头检查工具		把	1		
设备	裁剪机	大型	台	1		
	滚弯机	中型	台	1		
	台钻	小型	台	1		
耗材	铝板		张			
	沉头铆钉		颗			

一、工作任务	工作者	检查者
制作一段翼肋，假定翼肋损伤，切割整形，采用盖板补法修理		

二、工作准备	工作者	检查者
1.技术资料：手册、飞机结构检修教材		
2.工作场地：清扫、布置		
3.工具、设备：领取、清点、检查、保养		
4.劳动保护：领取、检查、使用		

三、工作步骤	工作者	检查者

工序	内容描述		
1	查阅波音 737-300 飞机 SRM 手册，在手册内查找飞机翼肋的材料、规格及损伤修理相关内容		
2	下料，制作一段翼肋，明确修理位置，确定切割范围		
3	对修理部位，切割整形		
4	在纸上计算衬片和连接片尺寸，进行铆钉布置［推荐铆距（3~8）d，排距（2.5~3.5）d，边距（2~4）d；要求交错排列，铆钉数量不少于 20 个］		

三、工作步骤		工作者	检查者
工序	内容描述		
5	下料，制作衬片和连接片（衬片 $\delta = 1.5$ mm，连接片 $\delta = 1.5$ mm 各一块），要求"少锉勤对"		
6	按计算的铆距、排距、边距，用铅笔在翼肋、补片、连接片上画线布置铆钉		
7	制作补片和腹板铆孔		
8	选择铆钉型号，铆接补片		
9	检查补片铆接质量		
10	连接片与翼肋缘条一起钻孔		
11	铆接连接片		
12	检查铆接质量		
13	清点工具，清洁工作场所，不准遗留外来物		
四、工作结束		工作者	检查者
1.清点工具和量具，进行维护后摆放规范整齐			
2.清扫工作现场，保持工位文明整洁，符合"6S"规范			
3.报告指导教师，上交工卡和作品			

【任务考核】

1. 质量考核

飞机翼肋破孔的质量考核标准见表3-12。

表3-12 飞机翼肋破孔的质量考核标准

		实作	适用课程	考核单号	修订日期
		考核单	飞机金属结构修理		
姓名		班级	教师	得分	
学号		日期		总分	
序号	工序		评分标准	分值	扣分
1	准备工作	工具	工具齐全并摆放整齐	4	
		耗材	正确使用并减少浪费	4	
		劳保	正确佩戴护目镜、耳塞，穿实训服、劳保鞋	4	
		场地	实训前后确保工作台及地面整洁	4	

序号	工序	评分标准	分值	扣分
2	确定切割范围	a. 切割线一般应超过损伤范围 5 mm	4	
		b. 补片和连接片的圆角半径 R=10 mm/15 mm（若矩形孔的短边 S > 150 mm，则矩形孔的圆角半径 R=15 mm；反之 R=10 mm）	2	
		c. 切割线的直线部分应与构架（梁、桁、肋、框）相平行，并与构架保持一定距离，以便铆接衬片	2	
		d. 对修理部位切割、整形：将翼肋破孔修整圆滑	4	
		e. 切割线应尽可能避开铆钉	2	
	切割损伤部位	a. 选择相应的切割工具切割损伤部位（切割工具主要有专用割刀、铣刀等手动和气动切割工具），若没有切割工具，可采用连续钻孔法切割	2	
		b. 保证切割孔的形状	2	
		c. 保证切割孔的尺寸	2	
		d. 防止损伤内部构架和机件	2	
	制作补片连接片	a. 补片用与腹板材料相同、厚度相等的铝板	2	
		b. 补片的大小与切割孔相同	2	
		c. 补片的形状与切割孔相同	2	
		d. 补片与切割孔两者对缝间隙应符合飞机修理质量要求	2	
		e. 要以孔为基准锉修补片，避免补片与孔同时锉修	2	
		f. 要做好标记，便于补片与孔对缝	2	
		g. 要有次序地由一个方向边锉边对，防止急躁，要"少锉勤对"	2	
		h. 连接片的材料与缘条相同	2	
		i. 连接片的厚度等于或略大于缘条的厚度	2	
		j. 连接片与缘条用两排 / 三排铆钉连接（在受力较小的部位，连接片与缘条用两排铆钉连接；在受力过大的部位，连接片与缘条用三排铆钉连接）	4	
		k. 连接片的大小取决于破孔的直径和连接片与缘条连接的铆钉排数。连接片大小的计算公式为 $$l = l_1 + 4c + 2(m-1)a$$ 式中　l——连接片的直径（mm）；　　　l_1——破孔的直径（mm）；　　　c——边距（mm）；　　　a——排距（mm）；　　　m——铆钉排数（排）	4	

134

序号	工序	评分标准	分值	扣分
2	钻孔铆接	a. 铆接前，需根据切割孔的形状和大小，合理地布置铆钉 边距计算：$c=2d$ 铆距计算：$t=d(1+1.8m)$ 排距计算：$a=c+d/2$	4	
		b. 制作连接片和缘条上的铆孔，连接片与缘条一起钻孔，钻孔时，钻头应垂直于缘条表面，可先用比铆孔直径小的钻头钻孔，再用与计算得出的铆孔直径相等的钻头钻孔	4	
3	注意事项	a. 损伤部位切割整齐	4	
		b. 补片用与腹板材料相同、厚度相等的铝板制作	4	
		c. 减小一次性钻孔导致的误差，得出合理的铆孔布置	4	
		d. 铆钉为两排时，采用交错排列	4	
4	最终作品评价	a. 作品外观有损伤痕迹，1处扣1分	4	
		b. 尺寸、间隙不符合规定，1处扣1分	4	
		c. 铆接等工艺技术不符合规定，1处扣2分	4	
注：扣分在相应扣分点记负分（每处记一次）			总分	

2. 素养考核

飞机翼肋破孔修理的素养考核标准见表 3–13。

表 3–13　飞机翼肋破孔修理的素养考核标准

考核内容	考核指标	每项总分	备注
考勤	1. 无故迟到、早退1次扣1分	10	
	2. 无故缺勤1次扣10分，迟到、早退5次记1次缺勤		
着装	1. 不符合行业要求着装，违者1次扣1分	10	
	2. 不正确穿戴好衣物等，例：不把工装上衣拉好等。违者1次扣1分		
作风养成	1. 实训场地严禁有嬉戏打闹等不严肃行为，违者1次扣1分	30	
	2. 实训场地不得吸烟，违者1次扣1分		
	3. 保持现场整洁，实训完毕做好卫生工作，违者1次扣1分		
	4. 实训场地应听从教师安排，违者1次扣1分		

考核内容	考核指标	每项总分	备注
工具、量具使用保管	1. 工具、量具使用完后随意摆放，不按规定摆放，违者 1 次扣 1 分	20	
	2. 不得将量具作为画线工具使用，违者 1 次扣 1 分		
	3. 使用测量工具时，不得使用过大的测量力，违者 1 次 1 分		
	4. 不得自行拆卸工具、量具，违者 1 次扣 1 分		
	5. 不得将量具强行推入工件中使用，违者 1 次扣 1 分		
	6. 在使用特殊量具时，应遵照一定的方法和步骤使用，违者 1 次扣 1 分		
	7. 不得任意敲击、乱扔工具、量具，违者 1 次扣 1 分		
安全	1. 钻孔、锪窝时需正确佩戴护目镜、耳塞，违者 1 次扣 2 分	30	
	2. 使用气钻时，不得穿着宽松衣服、围巾、领带，不得佩戴项链、首饰、手套等，女生不得披头散发，违者 1 次扣 2 分		
	3. 铆卡安装时必须装牢保险弹簧，违者 1 次扣 2 分		
	4. 试枪时务必注意安全，切忌对准人和空打，违者 1 次扣 2 分		
	5. 切勿将任何操作工具指向自己或他人，违者 1 次扣 2 分		
	6. 他人在操作时，不得上前干扰，违者 1 次扣 2 分		
	7. 不得使用量具测量转动中的钻头，违者 1 次扣 2 分		

【总结与提高】

一、主要知识点回顾

1. 对损伤的飞机翼肋进行修理，需要遵守哪些修理准则？

2. 在翼肋损伤修理中，损伤区切割后要制圆角吗？为什么？

3.在翼肋损伤修理，钻孔铆接时，应如何操作来保证精度？

4.描述飞机翼肋破孔修理的步骤。

二、总结思考

1.通过本次学习，我学到的知识点／技能点（如飞机翼肋的切割范围）：

实训操作中所遇到的问题（如选择铆钉型号）：

解决方案：

2.自身认为在以下方面还需要深入学习并提升岗位能力,可将自己的评价分数(百分制)标在图3-8中。

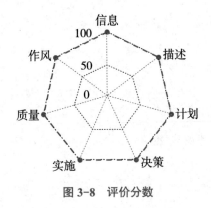

图3-8　评价分数

三、他山之石

其他成员评语:

教师评语:

项目十　飞机腹板破孔修理

【任务描述】

工作任务	飞机腹板破孔修理	教学模式	任务驱动和行动导向
建议学时	4 学时	教学地点	一体化教室
任务描述	腹板由薄板制成，通常用螺栓或铆钉与缘条连接，承受剪力。腹板可能产生的典型损伤为破孔、裂纹等。修理时，必须根据腹板损伤的轻重程度、损伤的具体部位，采用不同的修理方法。盖板补法如图 3-9 所示，将腹板上破孔切割、锉修成规则形状后，铆上一块与腹板材料相同、厚度相等的盖板，以弥补腹板损伤处的强度 破孔　腹板　　　补片 图 3-9　盖板补法		
学习目标	知识目标	1. 熟悉航空维修规章与制度、维修人员在维修工作区的行为规范； 2. 熟悉并能正确选择、使用盖板补法修理常用的工具、设备； 3. 掌握工程识图、航空机械基础知识； 4. 具有安全生产意识，掌握对地面事故的预防措施； 5. 掌握盖板补法修理方案的拟订； 6. 熟悉盖板补法修理规程及规范，严格遵守操作规范； 7. 掌握盖板补法修理的完工检查标准； 8. 熟悉技术资料的查阅方法	
	能力目标	1. 能遵循维修人员在维修工作区的行为规范； 2. 能识别工程图纸，熟练地运用各种航空工具和设备； 3. 具有从事飞机钳工、钣金、铆接的专业知识和能力； 4. 具备典型飞机结构的知识，具有分析、判断飞机腹板破损程度及盖板补法修理的能力； 5. 具有技术资料的查阅和应用能力，能阅读盖板补法修理过程中所涉及的各类技术手册、图册、工作单卡； 6. 具有整合知识和综合运用知识分析问题和解决问题的能力； 7. 能做好工作现场的"6S"以及持续改善； 8. 能按计划实施操作，具备航空安全与事故防范能力	

学习目标	素质目标	1.具有爱岗敬业、诚实守信、遵章守纪的良好职业道德； 2.具备严谨规范、精益求精、吃苦耐劳的优良品质； 3.具备团队协作、人际沟通的社会交往能力； 4.具备从事本专业工作的安全防护、安全文明生产和环境保护等意识； 5.具备"极其负责、精心维修"的职业素养	
重难点	重点	飞机腹板破孔盖板补法修理的操作流程	
	难点	飞机腹板破孔盖板补法修理的操作规范	

【理论基础】

飞机腹板破孔盖板补法修理的施工步骤如下。

飞机腹板破孔修理

一、确定切割范围

根据腹板的损坏情况确定切割范围，是修理腹板破孔的第一步，它关系到其他步骤的施工。因此要注意以下事项：

（1）切割线一般应超过损伤范围 5 mm。

（2）为了便于制作补片，需将腹板损伤处切割成规则的形状，如圆形、长圆形、矩形等。

（3）切割线的直线部分应与构架相平行，并与构架保持一定距离，以便铆接。

（4）切割线应尽可能避开铆钉。

二、切割损伤部位

根据确定的切割形状和损伤部位的结构情况，选择相应的切割工具切割损伤部位。切割时，既要保证切割孔的形状和尺寸，又要防止损伤内部构架和机件。切割完成后，检查切割边缘的质量，确保没有残缺或毛刺。

三、制作补片

补片的材料和厚度应与腹板相同，补片的大小和形状与切割孔相同，两者对缝间隙应符合飞机修理质量要求。修理经验表明，制作补片时，务必注意做到"三要"，才能保证制作准确、迅速：一要以孔为基准锉修补片，避免补片与孔同时锉修；二要做好标记，便于补片与孔对缝；三要有次序地由一个方向边锉边对，防止急躁，要"少锉勤对"。

当破孔靠近一侧缘条时，应钻去腹板损伤处与缘条连接的铆钉，将盖板、腹板和缘条三者铆在一起，如图 3-10 所示。当破孔直径较大时，上下两端与缘条连接，中部与腹板铆接，以增加修理部位的稳定性，如图 3-11 所示。

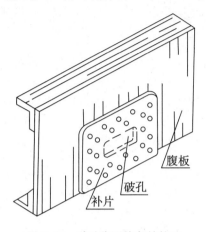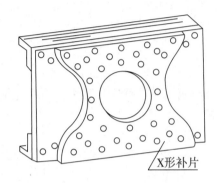

图 3-10　破孔靠近缘条的修理　　　　图 3-11　破孔直径较大时的修理

四、钻孔制接

铆接前，需根据切割孔的形状和大小，合理地布置铆钉。对于圆形孔或长圆形孔，按每排的圆周长均匀布置；对于矩形孔，首先在四角处确定 4 个铆钉，然后在 2 个铆钉间均匀地排列铆钉。铆钉为两排时，应尽可能采用交错排列。

【任务分析与决策】

一、引导问题

1.查阅相关资料，描述飞机腹板的主要设计原则。

2.查阅相关资料，阐述飞机腹板破孔何时采用锉修法修理。

3.在下列哪些情况下飞机维修人员违反了防火措施？（　　　）

　　A.不要在禁区内使用易燃材料

　　B.穿着带有蹄铁的鞋子

　　C.不要使用有故障的电气设备及配件

　　D.使用设备时遵守其安全操作规程

4.描述飞机腹板破孔修理中补片铆接质量的规定。

5.在飞机腹板破孔修理过程中，铆距、排距、边距如何计算？

6.在飞机腹板破孔修理过程中，破孔直径小于 40 mm 时应使用（　　　）法进行修理。

二、计划与决策

1.查询手册，填写本任务工序卡（表 3-14）。

表 3-14　飞机腹板破孔修理实施的工序卡

序号	区域	工作步骤	工具／设备	时间
签字		校对	审核	
日期				

2. 查询手册，填写本任务设备、工具清单（表3-15）。

表3-15 飞机腹板破孔修理实施需要的设备、工具清单

序号	名称	型号	数量	用途	备注
1					
2					
3					
4					
5					
6					
7					
8					
9					

3. 判断。

当破孔靠近一侧缘条时，应钻去腹板损伤处与缘条连接的铆钉，将盖板、腹板和缘条三者铆在一起。（   ）

理由：

4. 评估决策要素（表3-16）。

表3-16 决策要素

序号	决策点	决策结果	
1	工序是否完整、科学	是○	否○
2	是否遵守飞机腹板损伤容限的规定	是○	否○
3	是否遵守人员进入工作区的规定	是○	否○
4	是否遵守修理现场的规则制度	是○	否○
5	是否做好工具"三清点"工作	是○	否○
6	是否熟悉在紧急情况下的自救方法	是○	否○

序号	决策点	决策结果	
7	是否遵守腹板破孔修理的操作规范	是〇	否〇
8	劳动保护是否达到要求	是〇	否〇
9	是否征求了教师的意见	是〇	否〇

5. 与教师制订的工作方案对比，进行决策分析。

【任务实施】

飞机腹板破孔修理实训工单见表 3-17。

表 3-17 飞机腹板破孔修理实训工单

工卡标题	飞机腹板破孔修理			
工卡编号	HKJD-XL-306	工作区域	飞机修理一体化实训室	
场所 / 载体	飞机结构件	学习模块	飞机结构损伤修理	
版次	第 2 版	工时	4 h	
参考文献	飞机修理手册，飞机结构检修教材			
编写 / 修订		审核		批准

工具 / 设备 / 材料（1 个小组 1 个工具柜、2 个工具盒）

类别	名称	规格	单位	数量	工作者	检查者
工具	榔头	中号	把	2		
	锯弓		把	2		
	铆枪	14×17	把	2		
	直顶铁		个	1		
	气钻		把	1		
	锪窝钻		个	2		

类别	名称	规格	单位	数量	工作者	检查者
工具	限位器		个	1		
	去毛刺工具		个	1		
	橡胶垫		块	1		
	橡胶条		条	1		
	麻花钻	$\phi4.0$	支			
	麻花钻	$\phi3.8$	支			
	麻花钻	$\phi2.5$	支			
	平头铆卡		个	1		
	半圆头铆卡		个	1		
	弓形夹		个			
	穿心夹		个			
	样冲		支	1		
	销冲		支	1		
	开口扳手	17×19	把	1		
	梅花扳手	17×19	把	1		
量具	钢直尺	0~300 mm	把	1		
	墩头检查工具		把	1		
设备	裁剪机	大型	台	1		
	滚弯机	中型	台	1		
	台钻	小型	台	1		
耗材	铝板		张			
	沉头铆钉		颗			
一、工作任务					工作者	检查者
制作一段腹板，假定腹板损伤，切割整形，用盖板补法修理						
二、工作准备					工作者	检查者
1. 技术资料：手册、飞机结构检修教材						
2. 工作场地：清扫、布置						
3. 工具、设备：领取、清点、检查、保养						
4. 劳动保护：领取、检查、使用						

三、工作步骤		工作者	检查者
工序	内容描述		
1	查阅波音 737-300 飞机 SRM 手册，在手册内查找腹板的材料、规格及损伤修理相关内容		
2	下料，制作一段腹板，明确修理位置，确定切割范围		
3	对修理部位，切割整形（要便于安装并防止结构变形划伤）		
4	在纸上计算衬片和连接片尺寸，进行铆钉布置［推荐铆距 (3~8)d，排距 (2.5~3.5)d，边距 (2~4)d；要求交错排列，铆钉数量不少于 20 个］		
5	下料，制作衬片和连接片（衬片 $\delta = 1.5$ mm，连接片 $\delta = 1.5$ mm 各一块），要求"少锉勤对"（根据切割部分形状和大小，用与框和肋相同材料制作）		
6	按计算的铆距、排距、边距，用铅笔在腹板、补片、连接片上画线布置铆钉（根据等强度修理原则合理布置铆钉）		
7	制作补片和腹板铆孔（补片的材料厚度与框肋相同，制作铆孔时应注意铆孔的圆度、垂直度）		
8	选择铆钉型号，铆接补片（根据铆接厚度确定使用的铆钉长度、直径）		
9	检查补片铆接质量（注意铆接处是否有铆伤，铆接后补片与翼梁之间的间隙均匀致密，过渡光滑，补片、翼梁不能有因铆接形成的形变）		
10	连接片与翼梁缘条一起钻孔（钻孔时需合理使用夹具，并保证连接片与翼梁缘条定位准确）		
11	铆接连接片（铆接时需注意连接片与补片和翼梁之间的间隙，且不能造成连接片以及补片和翼梁的形变）		
四、工作结束		工作者	检查者
1. 清点工具和量具，进行维护后摆放规范整齐			
2. 清扫工作现场，保持工位文明整洁，符合"6S"规范			
3. 报告指导教师，上交工卡和作品			

【任务考核】

1. 质量考核

飞机翼梁腹板破孔修理的质量考核标准见表 3-18。

表 3-18 飞机翼梁腹板破孔修理的质量考核标准

	实作	适用课程	考核单号	修订日期
	考核单	飞机金属结构修理		

姓名		班级		教师		得分	
学号		日期				总分	

序号	工序		评分标准	分值	扣分
1	准备工作	工具	工具齐全并摆放整齐	4	
		耗材	正确使用并减少浪费	4	
		劳保	正确佩戴护目镜、耳塞，穿实训服、劳保鞋	4	
		场地	实训前后确保工作台及地面整洁	4	
2	切割		a. 制作一段飞机腹板	4	
			b. 查阅波音 737-300 飞机 SRM 手册，在手册内查找飞机翼梁腹板的材料、规格及损伤修理相关内容	4	
			c. 明确修理位置，确认切割范围	4	
			d. 对修理部位，切割整形（要便于安装并防止结构变形划伤）	4	
	制作补片和衬片		a. 制作衬片和连接片（衬片 $\delta = 1.5$ mm，连接片 $\delta = 1.5$ mm 各一块）	4	
			b. 根据切割部分形状和大小，用与翼梁腹板相同的材料制作	4	
			c. "少锉勤对"	4	
			d. 计算铆距、排距、边距，用铅笔在翼梁腹板、补片、连接片上画线布置铆钉	4	
			e. 制作盖板，盖板的材料厚度与框肋相同	4	
	钻孔铆接		a. 制作腹板铆孔，铆孔的圆度、垂直度符合要求	4	
			b. 选择铆钉型号，铆接补片	4	
			c. 进行铆钉布置，铆距（3~8）d，排距（2.5~3.5）d，边距（2~4）d	4	
			d. 要求交错排列，铆钉数量不少于 20 个	4	
			e. 检查盖板的铆接质量	4	
3	注意事项		a. 注意铆接处是否有铆伤	4	
			b. 铆接后补片与翼梁腹板之间的间隙均匀致密、过渡光滑	4	
			c. 补片、翼梁腹板不能有因铆接而形成的形变	4	
			d. 要求铆钉墩头直径在（1.5+0.1）倍或（1.5-0.1）倍铆钉杆直径范围内，墩头高度为 1.1 d	4	

序号	工序	评分标准	分值	扣分
4	最终作品评价	a.作品外观有损伤痕迹，1处扣1分	4	
		b.尺寸、间隙不符合规定，1处扣1分	4	
		c.铆接等工艺技术不符合规定，1处扣2分	4	
注：扣分在相应扣分点记负分（每处记一次）			总分	

2. 素养考核

飞机腹板破孔修理的素养考核标准见表3-19。

表3-19　飞机腹板破孔修理的素养考核标准

考核内容	考核指标	每项总分	备注
考勤	1.无故迟到、早退1次扣1分	10	
	2.无故缺勤1次扣10分，迟到、早退5次结算1次缺勤		
着装	1.不符合行业要求着装，违者1次扣1分	10	
	2.不正确穿戴好衣物等，例：不把工装上衣拉好等。违者1次扣1分		
作风养成	1.实训场地严禁有嬉戏打闹等不严肃行为，违者1次扣1分	30	
	2.实训场地不得吸烟，违者1次扣1分		
	3.保持现场整洁，实训完毕做好卫生工作，违者1次扣1分		
	4.实训场地应听从教师安排，违者1次扣1分		
工具、量具使用保管	1.工具、量具使用完后随意摆放，不按规定摆放，违者1次扣1分	20	
	2.不得将量具作为画线工具使用，违者1次扣1分		
	3.使用测量工具时，不得使用过大的测量力，违者1次扣1分		
	4.不得自行拆卸工具、量具，违者1次扣1分		
	5.不得将量具强行推入工件中使用，违者1次扣1分		
	6.在使用特殊量具时，应遵照一定的方法和步骤使用，违者1次扣1分		
	7.不得任意敲击、乱扔工具、量具，违者1次扣1分		

考核内容	考核指标	每项总分	备注
安全	1. 钻孔、锪窝时需正确佩戴护目镜、耳塞，违者 1 次扣 2 分	30	
	2. 使用气钻时，不得穿着宽松衣服、围巾、领带，不得佩戴项链、首饰、手套等，女生不得披头散发，违者 1 次扣 2 分		
	3. 铆卡安装时必须装牢保险弹簧，违者 1 次扣 2 分		
	4. 试枪时务必注意安全，切忌对准人和空打，违者 1 次扣 2 分		
	5. 切勿将任何操作工具指向自己或他人，违者 1 次扣 2 分		
	6. 他人在操作时，不得上前干扰，违者 1 次扣 2 分		
	7. 不得使用量具测量转动中的钻头，违者 1 次扣 2 分		

【总结与提高】

一、主要知识点回顾

1. 在飞机腹板损伤到何种程度时，需要采用盖板补法修理？

2. 飞机腹板采用盖板补法修理后，检查补片铆接质量需要注意哪几个方面？

3. 飞机腹板采用盖板补法修理时，根据破孔大小，有两种不同的铆接要求，它们有何不同？

4. 描述采用盖板补法修理飞机腹板破孔的步骤。

二、总结思考

1.通过本次学习，我学到的知识点/技能点（如机翼腹板破孔的确认）：

实训操作中所遇到的问题（如盖板的尺寸计算）：

解决方案：

2.自身认为在以下方面还需要深入学习并提升岗位能力，可将自己的评价分数（百分制）标在图3-12中。

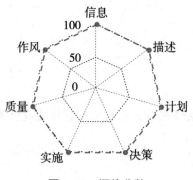

图3-12　评价分数

三、他山之石

其他成员评语：

教师评语：

项目十一　飞机腹板切割修理

【任务描述】

工作任务	飞机腹板切割修理	教学模式	任务驱动和行动导向
建议学时	4 学时	教学地点	一体化教室
任务描述	腹板上有密集的破孔或裂纹时，需要更换一段新腹板。首先切割腹板的全部损伤部分，再用与腹板材料相同、厚度相等的板材制作一段新腹板，将新腹板填入切割口，代替已切除的腹板，然后在接缝处铆接 X 形连接片，使新腹板与原来腹板连接成一体，如图 3-13 所示 图 3-13　腹板切割修理		
学习目标	知识目标	1. 熟悉航空维修规章与制度、维修人员在维修工作区的行为规范； 2. 熟悉并能正确选择、使用腹板切割修理常用的工具、设备； 3. 掌握工程识图、航空机械基础知识； 4. 具有安全生产意识，掌握对地面事故的预防措施； 5. 掌握腹板切割修理方案的拟订； 6. 熟悉腹板切割修理规程及规范，严格遵守操作规范； 7. 掌握腹板切割修理的完工检查标准； 8. 熟悉技术资料的查阅方法	
	能力目标	1. 能遵循维修人员在维修工作区的行为规范； 2. 能识别工程图纸，熟练运用各种航空工具和设备； 3. 具有从事飞机钳工、钣金、铆接的专业知识和能力； 4. 具备典型飞机结构的知识，具有分析、判断飞机腹板破损程度及腹板切割修理的能力； 5. 具有技术资料的查阅和应用能力，能阅读腹板切割修理过程中所涉及的各类技术手册、图册、工作单卡； 6. 具有整合知识和综合运用知识分析问题和解决问题的能力； 7. 能做好工作现场的"6S"以及持续改善； 8. 能按计划实施操作，具备航空安全与事故防范能力	

学习目标	素质目标	1. 具有爱岗敬业、诚实守信、遵章守纪的良好职业道德； 2. 具备严谨规范、精益求精、吃苦耐劳的优良品质； 3. 具备团队协作、人际沟通的社会交往能力； 4. 具备从事本专业工作的安全防护、安全文明生产和环境保护等意识； 5. 具备"极其负责、精心维修"的职业素养	
重难点	重点	飞机腹板切割修理的操作流程	
	难点	飞机腹板切割修理的操作规范	

【理论基础】

飞机腹板切割修理的施工步骤如下。

飞机腹板切割修理

一、确定切割范围

根据腹板的损坏情况确定切割范围，是修理腹板密集破孔或裂纹的第一步，它关系到其他步骤的施工。因此要注意以下事项：

（1）切割线一般应超过损伤范围 5 mm。

（2）若腹板上有密集的破孔或裂纹，需将损伤部分的腹板全部切除。

（3）切割线的直线部分应与构架相平行，并与构架保持一定距离，以便铆接衬片。

（4）切割线应尽可能避开铆钉。

（5）腹板切割时，切割线尽量选在腹板加强筋处或将腹板切割线选在两个加强筋之间，这可使加强筋铆在拼接接头上，以增加其刚性。

二、切割损伤部位

根据确定的切割形状和损伤部位的结构情况，选择相应的切割工具切割损伤部位。切割时，既要保证切割孔的形状和尺寸，又要防止损伤内部构架和机件。

三、制作新腹板

新腹板的板材及厚度需要和旧腹板的完全相同。新腹板的大小和形状与切割孔相同，两者对缝间隙应符合飞机修理质量要求。修理经验表明，制作新腹板时，要有次序地由一个方向边锉边对，防止急躁，要"少锉勤对"。

四、钻孔制接

铆接前，首先在四角处确定 4 个铆钉，然后在 2 个铆钉间均匀地排列铆钉。铆钉为两排时，应尽可能采用交错排列。

腹板损伤修理时，裂纹一边的铆钉数、盖板中心线一侧的铆钉数，以及切割缝一边连接片上的铆钉数可按实际需要确定，必要时可通过计算确定。计算方法可采用设计载荷计算法或等强度计算方法。其计算公式为

$$n = \frac{Q_{d1}}{q_{bs}}$$

或

$$n = \frac{Q_{b1}}{q_{bs}}$$

式中　Q_{d1}——腹板损伤处的设计载荷，它等于损伤截面面积（F_s）与设计剪应力（τ_{ds}）的乘积；

　　　　Q_{b1}——腹板损伤处的破坏载荷，它等于损伤处的实有截面面积（$F_s - md\delta$）与破坏剪应力（τ_{bs}）的乘积。

【任务分析与决策】

一、引导问题

1. 查阅相关资料，描述飞机腹板的功用。

2. 查阅相关资料，说明飞机腹板损伤容限的规定。

3. 在下列哪些情况下飞机维修人员需要佩戴防护耳塞或耳罩？（　　　）

　A. 在进行机械加工、钻孔或打磨等操作时

　B. 在进行引擎调试和测试时

　C. 在机场地面操作和行程检查过程中

　D. 当使用重型机械工具进行切割和拆卸时

4.描述飞机腹板切割修理中铆钉的排列方式。

5.飞机腹板切割修理过程中，新腹板的材料有哪些注意事项？

6.飞机腹板切割修理过程中，应使用（　　　）形状的连接片。

二、计划与决策

1.查询手册，填写本任务工序卡表 3-20。

表 3-20　飞机腹板切割修理实施的工序卡

序号	区域	工作步骤	工具 / 设备	时间
签字		校对	审核	
日期				

2. 查询手册，填写本任务设备、工具清单（表 3-21）。

表 3-21　飞机腹板切割修理实施需要的设备、工具清单

序号	名称	型号	数量	用途	备注
1					
2					
3					
4					
5					
6					
7					
8					
9					

3. 判断。

飞机腹板切割修理时，可以不将原腹板完全切割下来。（　　　）

理由：

4. 评估决策要素（表 3-22）。

表 3-22　决策要素

序号	决策点	决策结果	
1	工序是否完整、科学	是〇	否〇
2	是否遵守飞机腹板损伤容限的规定	是〇	否〇
3	是否遵守人员进入工作区的规定	是〇	否〇
4	是否遵守修理现场的规则制度	是〇	否〇
5	是否做好工具"三清点"工作	是〇	否〇
6	是否熟悉在紧急情况下的自救方法	是〇	否〇
7	是否遵守腹板切割修理的操作规范	是〇	否〇
8	劳动保护是否达到要求	是〇	否〇
9	是否征求了教师的意见	是〇	否〇

5. 与教师制订的工作方案对比，进行决策分析。

【任务实施】

飞机腹板切割修理实训工单见表 3-23。

表 3-23　飞机腹板切割修理实训工单

工卡标题	飞机腹板切割修理		
工卡编号	HKJD-XL-305	工作区域	飞机修理一体化实训室
场所 / 载体	飞机结构件	学习模块	飞机结构损伤修理
版次	第 2 版	工时	4 h
参考文献	飞机修理手册，飞机结构检修教材		
编写 / 修订		审核	批准
工具 / 设备 / 材料（1 个小组 1 个工具柜、2 个工具盒）			

类别	名称	规格	单位	数量	工作者	检查者
工具	榔头	中号	把	2		
	锯弓		把	2		
	铆枪	14×17	把	2		
	直顶铁		个	1		
	气钻		把	1		
	锪窝钻		个	2		
	限位器		个	1		
	去毛刺工具		个	1		
	橡胶垫		块	1		
	橡胶条		条	1		
	麻花钻	ϕ4.0	支			
	麻花钻	ϕ3.8	支			
	麻花钻	ϕ2.5	支			
	平头铆卡		个	1		

类别	名称	规格	单位	数量	工作者	检查者
工具	半圆头铆卡		个	1		
	弓形夹		个			
	穿心夹		个			
	样冲		支	1		
	销冲		支	1		
	开口扳手	17×19	把	1		
	梅花扳手	17×19	把	1		
	铅笔		支	1		
量具	钢直尺	0~300 mm	把	1		
	墩头检查工具		把	1		
设备	裁剪机	大型	台	1		
	滚弯机	中型	台	1		
	台钻	小型	台	1		
耗材	铝板		张			
	沉头铆钉		颗			
一、工作任务					工作者	检查者
制作一段腹板，假定腹板损伤，切割整形，采用盖板补法修理						
二、工作准备					工作者	检查者
1.技术资料：手册、飞机结构检修教材						
2.工作场地：清扫、布置						
3.工具、设备：领取、清点、检查、保养						
4.劳动保护：领取、检查、使用						
三、工作步骤					工作者	检查者
工序	工作描述					
1	查阅波音 737-300 飞机 SRM 手册，在手册内查找腹板材料、规格及损伤修理相关内容					
2	下料，制作腹板					
3	明确修理位置，确定切割范围					
4	对修理部位，切割整形					

三、工作步骤		工作者	检查者
工序	工作描述		
5	在纸上计算补片和连接片尺寸，进行铆钉布置［推荐铆距（3~8）d，排距（2.5~3.5）d，边距（2~4）d；要求交错排列，铆钉数量不少于 20 个］		
6	下料，制作补片和连接片（衬片 $\delta=1.5$ mm，补片 $\delta=1.5$ mm 各一块），要求"少锉勤对"		
7	按计算的铆距、排距、边距，用铅笔在构件上画线布置铆钉		
8	制孔，选择铆钉型号		
9	先铆接连接片		
10	铆接填补片		
11	检查铆接质量		
12	清点工具，清洁工作场所，不准遗留外来物		
四、工作结束		工作者	检查者
1.清点工具和量具，进行维护后摆放规范整齐			
2.清扫工作现场，保持工位文明整洁，符合"6S"规范			
3.报告指导教师，上交工卡和作品			

【任务考核】

1.质量考核

飞机腹板切割修理的质量考核标准见表 3-24。

表 3-24　飞机腹板切割修理的质量考核标准

		实作	适用课程	考核单号	修订日期	
		考核单	飞机金属结构修理			
姓名		班级		教师	得分	
学号		日期			总分	
序号	工序		评分标准		分值	扣分
1	准备工作	工具	工具齐全并摆放整齐		4	
		耗材	正确使用并减少浪费		4	
		劳保	正确佩戴护目镜、耳塞，穿实训服、劳保鞋		4	
		场地	实训前后确保工作台及地面整洁		4	

158

序号	工序	评分标准	分值	扣分
2	切割	a.制作腹板	4	
		b.明确修理位置，确定切割范围	4	
		c.对修理部位切割整形	4	
	制作连接片	a.用与腹板材料相同、厚度相等的板材制作一段新腹板，将新腹板填入切割口，代替已切除的腹板	4	
		b.与腹板材料相同、厚度相等的铝板制作的连接片的形状为 X 形，使新腹板与原来的腹板连接成一体	4	
		c.制作补片和连接片（衬片 $\delta = 1.5$ mm，补片 $\delta = 1.5$ mm 各一块），要求"少锉勤对"	4	
	钻孔铆接	a.计算补片和连接片尺寸，进行铆钉布置［铆距（3~8）d，排距（2.5~3.5）d，边距（2~4）d］	4	
		b.按计算的铆距、排距、边距，用铅笔在构件上画线布置铆钉	4	
		c.制孔，选择铆钉型号	4	
		d.铆接连接片	4	
		e.要求交错排列，铆钉数量不少于 20 个	4	
		f.对于矩形孔，首先在四角处确定 4 个铆钉，然后在 2 个铆钉间均匀地排列铆钉	4	
		g.铆接填补片	4	
		h.检查铆接质量	4	
3	注意事项	a.填片中心线一侧的铆钉数以及切割缝一边连接片上的铆钉数根据实际需要确定	4	
		b.尽量利用构件原来的铆孔，不钻或少钻新孔	4	
		c.先铆接连接片，后将填片铆接在连接片上，装配时注意填片与连接片的配合间隙，要求均匀	4	
		d.要求铆钉墩头直径在（1.5+0.1）倍或（1.5-0.1）倍铆钉杆直径范围内，墩头高度为 1.1d	4	
4	最终作品评价	a.作品外观有损伤痕迹，1 处扣 1 分	4	
		b.尺寸、间隙不符合规定，1 处扣 1 分	4	
		c.铆接等工艺技术不符合规定，1 处扣 2 分	4	
注：扣分在相应扣分点记负分（每处记一次）			总分	

2. 素养考核

飞机腹板切割修理的素养考核标准见表3-25。

表 3-25 飞机腹板切割修理的素养考核标准

考核内容	考核指标	每项总分	备注
考勤	1. 无故迟到、早退 1 次扣 1 分	10	
	2. 无故缺勤 1 次扣 10 分，迟到、早退 5 次记 1 次缺勤		
着装	1. 不符合行业要求着装，违者 1 次扣 1 分	10	
	2. 不正确穿戴好衣物等，例：不把工装上衣拉好等。违者 1 次扣 1 分		
作风养成	1. 实训场地严禁有嬉戏打闹等不严肃行为，违者 1 次扣 1 分	30	
	2. 实训场地不得吸烟，违者 1 次扣 1 分		
	3. 保持现场的整洁，实训完毕做好卫生工作，违者 1 次扣 1 分		
	4. 实训场地应听从教师安排，违者 1 次扣 1 分		
工具、量具使用保管	1. 工具、量具使用完后随意摆放，不按规定摆放，违者 1 次扣 1 分	20	
	2. 不得将量具作为画线工具使用，违者 1 次扣 1 分		
	3. 使用测量工具时，不得使用过大的测量力，违者 1 次扣 1 分		
	4. 不得自行拆卸工具、量具，违者 1 次扣 1 分		
	5. 不得将量具强行推入工件中使用，违者 1 次扣 1 分		
	6. 在使用特殊量具时，应遵照一定的方法和步骤使用，违者 1 次扣 1 分		
	7. 不得任意敲击、乱扔工具、量具，违者 1 次扣 1 分		
安全	1. 钻孔、锪窝时需正确佩戴护目镜、耳塞，违者 1 次扣 2 分	30	
	2. 使用气钻时，不得穿着宽松衣服、围巾、领带，不得佩戴项链、首饰、手套等，女生不得披头散发，违者 1 次扣 2 分		
	3. 铆卡安装时必须装牢保险弹簧，违者 1 次扣 2 分		
	4. 试枪时务必注意安全，切忌对准人和空打，违者 1 次扣 2 分		
	5. 切勿将任何操作工具指向自己或他人，违者 1 次扣 2 分		
	6. 他人在操作时，不得上前干扰，违者 1 次扣 2 分		
	7. 不得使用量具测量转动中的钻头，违者 1 次扣 2 分		

【总结与提高】

一、主要知识点回顾

1.在飞机腹板损伤到何种程度时，需要采用切割修理?

2.在飞机腹板切割修理过程中，切割所用的工具有哪些?

3.飞机腹板损伤修理时，裂纹一边的铆钉数、盖板中心线一侧的铆钉数以及切割缝一边连接片上的铆钉数如何计算?

4.描述飞机腹板切割修理的步骤。

二、总结思考

1.通过本次学习，我学到的知识点／技能点（如腹板材料的选择）：

实训操作中所遇到的问题（如连接片形状的选择）：

解决方案：

2.自身认为在以下方面还需要深入学习并提升岗位能力，可将自己的评价分数（百分制）标在图3-14中。

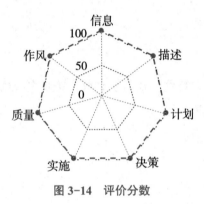

图3-14　评价分数

三、他山之石

其他成员评语：

教师评语：

项目十二　飞机隔框变形修理

【任务描述】

工作任务	飞机隔框变形修理	教学模式	任务驱动和行动导向
建议学时	4 学时	教学地点	一体化教室
任务描述	隔框结构是飞机常用的主要传力及承力结构，其结构通常主要由框缘、加强筋及腹板组成。框缘及加强筋是隔框的主要受力部位，在结构传力中起主导作用，腹板能够承受一定的面内剪力和正应力。同时，为了减轻结构质量，满足环控通风散热、电缆敷设等要求，通常在隔框腹板处开出一些孔洞。隔框断裂后，强度降低较多，可按图 3-15 所示的方法进行接补 图 3-15　飞机隔框变形修理				
学习目标	知识目标	1. 熟悉航空维修规章与制度、维修人员在维修工作区的行为规范； 2. 熟悉并能正确选择、使用飞机隔框变形修理常用的工具、设备； 3. 掌握工程识图、航空机械基础知识； 4. 具有安全生产意识，掌握对地面事故的预防措施； 5. 掌握飞机隔框变形修理方案的拟订； 6. 熟悉飞机隔框变形修理规程及规范，严格遵守操作规范； 7. 掌握飞机隔框变形修理的完工检查标准； 8. 熟悉技术资料的查阅方法		
	能力目标	1. 能遵循维修人员在维修工作区的行为规范； 2. 能识别工程图纸，熟练运用各种航空工具和设备； 3. 具有从事飞机钳工、钣金、铆接的专业知识和能力； 　4. 具备典型飞机结构的知识，具有分析、判断飞机隔框破损程度及飞机隔框变形修理的能力；		

学习目标	能力目标	5.具有技术资料的查阅和应用能力，能阅读飞机隔框变形修理过程中所涉及的各类技术手册、图册、工作单卡； 6.具有整合知识和综合运用知识分析问题和解决问题的能力； 7.能做好工作现场的"6S"以及持续改善； 8.能按计划实施操作，具备航空安全与事故防范能力
	素质目标	1.具有爱岗敬业、诚实守信、遵章守纪的良好职业道德； 2.具备严谨规范、精益求精、吃苦耐劳的优良品质； 3.具备团队协作、人际沟通的社会交往能力； 4.具备从事本专业工作的安全防护、安全文明生产和环境保护等意识； 5.具备"极其负责、精心维修"的职业素养
重难点	重点	飞机隔框变形修理的操作流程
	难点	飞机隔框变形修理的操作规范

【理论基础】

飞机隔框变形修理的施工步骤如下。

机身隔框修理

一、确定切割范围

根据隔框的损坏情况确定切割范围，是修理隔框变形的第一步，它关系到其他步骤的施工。因此要注意下列事项：

1. 切割线一般应超过损伤范围 5 mm。

2. 为了便于制作补片，需将隔框损伤处切割成规则的形状，如圆形、长圆形、矩形等。

3. 对修理部位切割、整形，将损伤处修整圆滑。

4. 切割线的直线部分应与构架（即梁、桁、肋、框）相平行，并与构架保持一定距离，以便铆接。

5. 切割线应尽可能避开铆钉。

二、切割损伤部位

根据确定的切割形状和损伤部位的结构情况，选择相应的切割工具切割损伤部位。切割时，既要保证切割孔的形状和尺寸，又要防止损伤内部构架和机件。切割完成后，检查切割边缘的质量，确保没有残缺或毛刺。

三、制作补片

补片的材料和厚度与原隔框相同；补片的形状为 X 形；补片的长度视隔框的厚度而定。对于厚度在 1.2 mm 以下的隔框，补片的长度不小于 100 mm，并用直径为 3.5 mm 的铆钉铆接；对于厚度等于或大于 1.2 mm 的隔框，补片的长度不小于 160 mm，用直径为 4 mm 的铆钉铆接。

四、钻孔制接

制作补片和隔框上的铆孔，补片与隔框一起钻孔。钻孔时，钻头应垂直于隔框表面，可先用比铆孔直径小的钻头钻孔，再用与设计得出的铆孔直径相同的钻头钻孔。

【任务分析与决策】

一、引导问题

1.查阅相关资料，描述飞机隔框的功用。

2.查阅相关资料，说明飞机隔框损伤容限的规定。

3.在进行电气维修时，维修人员需要采取哪些措施来确保安全？（　　　）

　　A.只需关掉电源开关，就可以开始维修

　　B.佩戴绝缘手套和护目镜直接进行维修

　　C.在维修之前需要对设备进行断电检查

　　D.使用正确的工具和设备，确保设备事先从电源断开

4.飞机隔框损伤较小，只出现裂纹时，该如何修理？

5.飞机隔框变形修理过程中有哪些注意事项？

6.对于厚度等于或大于 1.2 mm 的隔框，补片的长度不小于（   ） mm。

二、计划与决策

1.查询手册，填写本任务工序卡（表 3-26）。

表 3-26　飞机隔框变形修理实施的工序卡

序号	区域	工作步骤	工具 / 设备	时间
签字		校对	审核	
日期				

2. 查询手册，填写本任务设备、工具清单（表3-27）。

表 3-27　飞机隔框变形修理实施需要的设备、工具清单

序号	名称	型号	数量	用途	备注
1					
2					
3					
4					
5					
6					
7					
8					
9					

3. 判断。

飞机隔框变形修理使用的补片的材料和厚度与原隔框相同，补片的形状为 X 形，补片的长度固定。（　　　）

理由：

4. 评估决策要素（表3-28）。

表 3-28　决策要素

序号	决策点	决策结果	
1	工序是否完整、科学	是〇	否〇
2	是否遵守飞机隔框损伤容限的规定	是〇	否〇
3	是否遵守人员进入工作区的规定	是〇	否〇
4	是否遵守修理现场的规则制度	是〇	否〇
5	是否做好工具"三清点"工作	是〇	否〇
6	是否熟悉在紧急情况下的自救方法	是〇	否〇

序号	决策点	决策结果	
7	是否遵守隔框变形修理的操作规范	是○	否○
8	劳动保护是否达到要求	是○	否○
9	是否征求了教师的意见	是○	否○

5. 与教师制订的工作方案对比，进行决策分析。

【任务实施】

飞机隔框变形修理实训工单见表 3-29。

表 3-29　飞机隔框变形修理实训工单

工卡标题	飞机隔框变形修理		
工卡编号	HKJD-XL-308	工作区域	飞机修理一体化实训室
场所 / 载体	飞机结构件	学习模块	飞机结构损伤修理
版次	第 2 版	工时	4 h
参考文献	飞机修理手册，飞机结构检修教材		
编写 / 修订		审核		批准	

工具 / 设备 / 材料（1 个小组 1 个工具柜、2 个工具盒）

类别	名称	规格	单位	数量	工作者	检查者
工具	榔头	中号	把	2		
	锯弓		把	2		
	铆枪	14×17	把	2		
	直顶铁		个	1		
	气钻		把	1		
	锪窝钻		个	2		
	限位器		个	1		

类别	名称	规格	单位	数量	工作者	检查者
	去毛刺工具		个	1		
	橡胶垫		块	1		
工具	橡胶条		条	1		
	麻花钻	$\phi4.0$	支			
	麻花钻	$\phi3.8$	支			
	麻花钻	$\phi2.5$	支			
	平头铆卡		个	1		
	半圆头铆卡		个	1		
	弓形夹		个			
	穿心夹		个			
	样冲		支	1		
	销冲		支	1		
	开口扳手	17×19	把	1		
	梅花扳手	17×19	把	1		
	铅笔		支	1		
量具	钢直尺	0~300 mm	把	1		
	墩头检查工具		把	1		
设备	裁剪机	大型	台	1		
	滚弯机	中型	台	1		
	台钻	小型	台	1		
耗材	铝板		张			
	沉头铆钉		颗			

一、工作任务	工作者	检查者
制作一段隔框，假定隔框变形，整形后，用型材进行修复		

二、工作准备	工作者	检查者
1.技术资料：手册、飞机结构检修教材		
2.工作场地：清扫、布置		
3.工具、设备：领取、清点、检查、保养		
4.劳动保护：领取、检查、使用		

三、工作步骤		工作者	检查者
工序	内容描述		
1	查阅波音 737-300 飞机 SRM 手册，在手册内查找机身隔框的材料、规格及损伤修理相关内容		
2	下料，制作一段隔框		
3	用同样厚度的铝板制作加强型材		
4	在纸上计算型材尺寸，进行铆钉布置［推荐铆距（3~8）d，排距（2.5~3.5）d，边距（2~4）d；要求交错排列，铆钉数量不少于20 个］		
5	按计算的铆距、排距、边距，用铅笔在隔框和加强型材上画线布置铆钉		
6	制铆孔		
7	铆接型材		
8	检查铆接质量		
9	清点工具，清洁工作场所，不准遗留外来物		
四、工作结束		工作者	检查者
1. 清点工具和量具，进行维护后摆放规范整齐			
2. 清扫工作现场，保持工位文明整洁，符合"6S"规范			
3. 报告指导教师，上交工卡和作品			

【任务考核】

1. 质量考核

飞机隔框变形修理的质量考核标准见表 3-30。

表 3-30　飞机隔框变形修理的质量考核标准

	实作	适用课程	考核单号	修订日期
	考核单	飞机金属结构修理		
姓名		班级	教师		得分	
学号		日期			总分	

序号	工序	评分标准		分值	扣分
1	准备工作	工具	工具齐全并摆放整齐	4	
		耗材	正确使用并减少浪费	4	
		劳保	正确佩戴护目镜、耳塞，穿实训服、劳保鞋	4	
		场地	实训前后确保工作台及地面整洁	4	
2	锉修	a. 隔框上产生破孔后，必须根据破孔在隔框的不同位置，采用不同的方法		4	
		b. 破孔在隔框腹板的中部，只需将损伤部位锉修整齐		4	
		c. 沿破孔四周用两排铆钉铆上补片		4	
		d. 补片的厚度与隔框相同			
	确定切割范围	a. 当破孔损伤扩大到弯边或靠近弯边时，将损伤区切割整齐，并制圆角		4	
		b. 切割线一般应超过损伤范围 5 mm		4	
		c. 补片和连接片的圆角半径 R=10 mm/15 mm（若矩形孔的短边 S > 150 mm，则矩形孔的圆角半径 R=15 mm；反之 R=10 mm）		4	
		d. 切割线的直线部分应与构架（梁、桁、肋、框）相平行，并与构架保持一定距离，以便铆接衬片		4	
		e. 对修理部位切割、整形，将隔框破孔修整圆滑		4	
		f. 切割线应尽可能避开铆钉		2	
	制作补片连接片	a. 补片用与原隔框材料相同的铝板		4	
		b. 补片用与原隔框厚度相等的铝板		2	
		c. 补片的长度视隔框的厚度而定		2	
		d. 补片的形状为 X 形		2	
		e. 对于厚度在 1.2 mm 以下的隔框，补片的长度不小于 100 mm，并且用直径为 3.5 mm 的铆钉铆接		2	
		f. 对于厚度等于或大于 1.2 mm 的隔框，补片的长度不小于 160 mm，并且用直径为 4 mm 的铆钉铆接		2	
	钻孔铆接	a. 铆接前，需根据切割孔的形状和大小，合理地布置铆钉 边距计算：c=2d 铆距计算：t=d（1+1.8m） 排距计算：a=c+ d/2		4	

序号	工序	评分标准	分值	扣分
2	钻孔铆接	b.制作连接片和飞机隔框上的铆孔,连接片与隔框一起钻孔。钻孔时,钻头应垂直于连接片表面,可先用比铆孔直径小的钻头钻孔,再用与计算得出的铆孔直径相同的钻头钻孔	4	
3	注意事项	a.损伤部位切割整齐	4	
		b.补片用与原隔框材料相同、厚度相等的铝板制作	4	
		c.减小一次性钻孔导致的误差,得出合理的铆孔布置	4	
		d.铆钉为两排时,采用交错排列	4	
4	最终作品评价	a.作品外观有损伤痕迹,1处扣1分	4	
		b.尺寸、间隙不符合规定,1处扣1分	4	
		c.铆接等工艺技术不符合规定,1处扣2分	4	
注:扣分在相应扣分点记负分(每处记一次)			总分	

2. 素养考核

飞机隔框变形修理的素养考核标准见表3-31。

表3-31 飞机隔框变形修理的素养考核标准

考核内容	考核指标	每项总分	备注
考勤	1. 无故迟到、早退1次扣1分	10	
	2. 无故缺勤1次扣10分,迟到、早退5次记1次缺勤		
着装	1. 不符合行业要求着装,违者1次扣1分	10	
	2. 不正确穿戴好衣物等,例:不把工装上衣拉好等。违者1次扣1分		
作风养成	1. 实训场地严禁有嬉戏打闹等不严肃行为,违者1次扣1分	30	
	2. 实训场地不得吸烟,违者1次扣1分		
	3. 保持现场的整洁,实训完毕做好卫生工作,违者1次扣1分		
	4. 实训场地应听从教师安排,违者1次扣1分		

考核内容	考核指标	每项总分	备注
工具、量具使用保管	1. 工具、量具使用完后随意摆放，不按规定摆放，违者 1 次扣 1 分	20	
	2. 不得将量具作为画线工具使用，违者 1 次扣 1 分		
	3. 使用测量工具时，不得使用过大的测量力，违者 1 次扣 1 分		
	4. 不得自行拆卸工具、量具，违者 1 次扣 1 分		
	5. 不得将量具强行推入工件中使用，违者 1 次扣 1 分		
	6. 在使用特殊量具时，应遵照一定的方法和步骤来使用，违者 1 次扣 1 分		
	7. 不得任意敲击、乱扔工具、量具，违者 1 次扣 1 分		
安全	1. 钻孔、锪窝时需正确佩戴护目镜、耳塞，违者 1 次扣 2 分	30	
	2. 使用气钻时，不得穿着宽松衣服、围巾、领带，不得佩戴项链、首饰、手套等，女生不得披头散发，违者 1 次扣 2 分		
	3. 铆卡安装时必须装牢保险弹簧，违者 1 次扣 2 分		
	4. 试枪时务必注意安全，切忌对准人和空打，违者 1 次扣 2 分		
	5. 切勿将任何操作工具指向自己或他人，违者 1 次扣 2 分		
	6. 他人在操作时，不得上前干扰，违者 1 次扣 2 分		
	7. 不得使用量具测量转动中的钻头，违者 1 次扣 2 分		

【总结与提高】

一、主要知识点回顾

1. 对损伤的飞机隔框进行修理，需要遵守哪些修理准则？

2. 铆接时如无弯边搭接，应如何铆接？

3.如何减小一次性钻孔导致的误差，得出合理的铆孔布置？

4.描述飞机隔框变形修理的步骤。

二、总结思考
1.通过本次学习，我学到的知识点／技能点（如在加强型材上布置铆钉）

实训操作中所遇到的问题（如补片和连接片的圆角半径）：

解决方案：

2.自身认为在以下方面还需要深入学习并提升岗位能力，可将自己的评价分数（百分制）标在图 3-16 中。

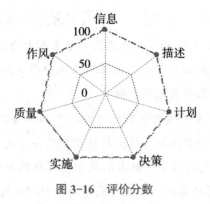

图 3-16 评价分数

三、他山之石

其他成员评语：

教师评语：

全国劳模倪泽军——严慎细实，见证中国飞机维修业的发展与变迁

2020 年 11 月 24 日，全国劳动模范和先进工作者表彰大会在北京人民大会堂隆重举行。中国航空集团有限公司下属的北京飞机维修工程有限公司（Ameco）工程部飞机结构工程高级工程师倪泽军荣获"全国劳动模范"称号。

倪泽军毕业于西北工业大学飞行器制造专业，参加工作 25 年来，他长期专注于机务维修本职岗位工作，见证了中国飞机维修业的快速发展与变迁。

在一线工作 28 年的"飞机医生"倪泽军经常在飞机肚子里面"做手术"，就是把民航客机改装成可以用来运货的货机。客改货属于对飞机进行重特大结构改装，在 2013 年之前只有国外的少数厂家可以做到，但倪泽军带领着团队翻资料、查线索，在把 1 000 多页关于飞机结构的技术手册烂熟于心的基础上，经过 35 000 个工时、绘制了 2 249 张工程图、改装自制垫片 10 483 个、使用紧固件 26 万颗后，成功完成了他们的第一个波音 757-200 飞机客改货项目，而且这架飞机从 2014 年安全运营至今，打破了国外厂家对这一领域的技术垄断。

附　录

一、安全保密教育表

1. 实践环节名称：飞机金属结构修理实训

2. 班级：

3. 指导教师：

4. 涉密文件：无

5. 风险源名称：剪板机、折弯机、滚弯机、空压机、台钻、气钻、铆枪、电源

6. 风险等级：高

7. 防护措施：

①实训期间要在教师规定的区域内活动；

②用警戒线进行警示；

③使用护目镜保护眼睛。

8. 安全员：各组组长

9. 规范性动作：

①在操纵剪板机挡板要挡好；

②折弯机拉警戒线，操纵时由 1 人操作，且有 1 人观看安全状况；

③使用滚弯机时，由 1 人操作，用挡板固定好工件；

④空压机使用前检查零件固定情况，先关气源再拆气管；

⑤用台钻、气钻不准戴手套，用台钻要 2 人配合，操作者和配合者都要佩戴护目镜；

⑥铆枪枪口不准对准人；用电时检查电路是否完好。

10. 应急措施：

危险工序，1 人操作，1 人监督，如发现危险动作，应立即制止，停止操作。

11. 地点：航空维修实训基地一体化教室

12. 日期：　　　　年　　月　　日

13. 审批：　　　室主任　　　　学院领导

安全与保密教育签名表

班级：

小组	姓名	小组	姓名	小组	姓名

二、实训学习考核表

考核内容		考核指标	总分	备注
平时	考勤	无故缺席 1 次扣 0.5 分，迟到 5 次记 1 次缺席	2	
	着装	不符合行业要求，1 次扣 1 分	2	
	作风养成	实训场地有嬉戏打闹等不严肃行为，一次扣 0.5 分	2	
	工具使用	随意乱放，不按规定摆放，1 次扣 0.5 分，出现丢失，1 次扣 5 分	2	
	安全	不按规定操作，出现 1 次危及安全事项，1 次扣 2 分	10	
	工作场所	工具随意放置、废品乱丢，1 次扣 1 分	2	
阶段	以小组为单位完成任务	按小组上交内容质量、成果展示情况、答辩效果等，由教师给出小组平均成绩，小组长根据各同学承担任务的态度、效果、与同学协作状况评定个人成绩	2	
	操作自评	根据实训工单所给各训练任务评价完成情况，查找差距，总结经验	2	
	纪律互评	实训小组长对组内同学的考勤作记录，对完成任务的态度及遵守实训纪律方面做记录，每周做出评价	2	
	职业素质评价	根据学习态度、主动性、团队合作及习惯养成等方面综合评价	5	
作品评价	外观	作品外观有损伤痕迹，1 处扣 1 分	10	
	尺寸	尺寸、间隙不符合规定，1 处扣 1 分	10	
	工艺	铆接等工艺技术不符合规定，1 处扣 2 分	10	
报告评价	时限	逾期提交，扣 3 分	5	
	格式	格式编排、内容顺序不合理，1 处扣 1 分	5	
	内容	内容不详实，记流水账，扣 20 分	20	

三、飞机修理技术实训工具清点卡

日期	开工清点		完工清点	
	清点时间	清点人	清点时间	清点人
实训结束时，组长复查工具清点情况			组长	

参 考 文 献

[1] 代永朝,郑立胜.飞机结构检修[M].北京:航空工业出版社,2006.

[2] 孟忠文,卿光辉,邢瑞山.飞机结构修理[M].北京:中国民航出版社,2017.

[3] 吴乔,苟德森,马超.飞机钣金与钣金技术[M].北京:航空工业出版社,2023.

[4] 王昌昊,王昭,郑本强.飞机维护实践[M].北京:航空工业出版社,2023.

[5] 王博,郭骞,余斌高,等.某型飞机蒙皮破孔的结构修理与分析[J].机电技术,
    2020(4):37-39+43.

[6] 猴百勇,李寿安,李曙林.某飞机机翼I大梁腹板战伤修理研究[J].航空计算技术,
    2004(3):90-92+96.

[7] 杨延坡.波音737-CL飞机客舱隔框改装或修理常见偏离的研究[J].山东工业技术,
    2014(17):187-188.

[8] 杨嘉勤,许光群,姜野,等.某型飞机外翼5—8肋损伤原因分析及修复探讨[J].
    装备环境工程,2018(12):78-86.

[9] 刘琦.A319飞机后机身意外损伤及修理[J].航空维修与工程,2004(4):76-77.